女人受益一生的幸福课

A valuable lesson for women's happiness

〔美〕卡耐基 著

付娜 编译

古吴轩出版社

图书在版编目（CIP）数据

女人受益一生的幸福课／（美）卡耐基（Carnegie,D.）著；付娜编译．—苏州：古吴轩出版社，2013.12
ISBN 978-7-5546-0153-2

Ⅰ.①女…　Ⅱ.①卡…　②付…　Ⅲ.①女性—幸福—通俗读物　Ⅳ.①B82-49

中国版本图书馆 CIP 数据核字（2013）第 237899 号

责任编辑：王　琦
见习编辑：陆九渊
策　　划：张春霞
封面设计：**嫁衣工舍**

书　　名：**女人受益一生的幸福课**
著　　者：〔美〕卡耐基
编　　译：付　娜
出版发行：古吴轩出版社
地址：苏州市十梓街458号　　邮编：215006
Http://www.guwuxuancbs.com　E-mail：gwxcbs@126.com
电话：0512-65233679　　传真：0512-65220750
经　　销：新华书店
印　　刷：小森印刷（北京）有限公司
开　　本：690×980　1/16
印　　张：16
版　　次：2013年12月第1版　第1次印刷
书　　号：ISBN 978-7-5546-0153-2
定　　价：29.90元

阅读伟大的作品是一条促进自我完善和自我成熟，从而达到圆满、收获幸福的人生之路。

——戴尔·卡耐基

幸福是女人一生追求的目标，本书告诉你获得幸福的8种特质

1/使自己永远处于快乐之中。若是烦恼和忧虑来袭，耐心接受，静心化解。

2/善于管理自己的情绪。迷人的个性和良好的心态是最宝贵的财富。

3/勇于承担。坦然接受已经发生的事情和勇于去面对即将发生的事情。

4/努力做成功男人旁边的那个女人。和丈夫齐头并进，携手撑起家庭、事业两片天空。

5/幸福的婚姻不能靠运气。幸福的婚姻离不开两个人的努力，它是靠人营造出来的。

6/工作的女人最有魅力。选择自己喜欢的工作，充分将自己的优势发挥出来。

7/成为一个受欢迎的人。关心、爱护别人，身怀感恩之心才能收获好人缘。

8/爱自己，真实做自己。爱上镜中的自己，做那朵独一无二的玫瑰。

目 录
Contents

第三课 挫折不可怕，勇敢面对迎来雨后阳光

第四课 在婚姻这座围城里，爱是最好的精神食粮

第五课 做完美家庭的舵手，越用心越幸福

第六课 找准自己的位置，才能锁定成功

第七课 在与人交际中，不做带刺的玫瑰

第八课 用品味提升气质，秀出自己独特的亮点

第一课

甩掉负面情绪，好心态的女人最幸福

烦恼和忧虑人人有之，若不及时消除，时间长了就会损害健康。因此，若是烦恼和忧虑来袭，要学会耐心接受，静心化解。这样才能使自己永远处于快乐之中。

要学傻大姐，不当林妹妹

我们烦躁，我们抱怨，我们忧虑。人生短短几十年，而我们却浪费了太多的时间来忧虑。但是如果你不花时间去接待忧虑，它就会知趣地走开。女人们一定要记住：人生太短，哪还有时间忧虑！

马利安·道格拉斯是我班上的一个学员。几年前的一个晚上，他向我倾诉他家里遭遇的两次不幸。第一次他失去了5岁的女儿——他爱到骨髓的孩子，他和妻子几近崩溃；然后“10个月之后，上帝又赐给我们一个女儿——她只活了5天”。

他告诉我说：“我受不了！我睡不着，吃不下，也无法休息或放松。我精神上受到了致命的打击，信心全没了。”万般无奈之下，他去看了医生。但是两位医生给出不同的治疗方案：一位建议他吃安眠药，另一位建议他去旅行。

两种方案他都尝试过，但都没有起作用。他说：“我的身体仿佛夹在一把铁钳子里，而铁钳却越夹越紧。

“不过，感谢上帝，我们还有一个4岁大的儿子。最终，是他教我找到了解决问题的方法，把我从悲痛中解救出来。

“一天下午，我独自坐在那里发呆，儿子走过来问我：‘爸爸，你能帮我做一艘玩具船吗？’我摇摇头，因为我实在没有心情帮他做。事实上，我没有心情做任何事情。可是，他是个很会缠人的小家伙，最后我架不住他的恳求，答应帮他做船。

“我花了整整3个小时，终于把玩具船做好了。做好之后，回味刚刚制作玩具船的整个过程，我才发现，这3个小时竟是我这几个月以来心情最放松的时候。这个发现使我从恍惚中惊醒过来，也让我想了许多——这是我几个月来第一次认真思考。我发现，当你忙着做一些需要计划和思考的事情时，就很难去忧虑了。对我来说，做那条船时我没有时间去想别的事情，所以忧虑就消失了。从这之后我决定让自己忙碌起来。

“第二天晚上，我开始为接下来的忙碌做准备。我看了看家里的每一个房间，把要做的事情列在一张单子上。书架、楼梯、屋顶窗、窗帘、门把、门锁、漏水的龙头都需要修理。让我没想到的是，我在两个星期里竟然列出了242件需要做的事情！

“两年过去了，这242件事情大部分都已经完成了。此外，我还会参加一些活动丰富自己的生活：每个星期到纽约市上两次成人教育课；参加小镇上的一些社交活动；现在的我是校董事会主席，所以要参加很多会议；协助红十字会和其他活动募捐……如今，我生活充实，忙得再也没有时间忧虑了。”

在忙碌中忘掉忧虑，确实是消除忧虑的最好办法。战事紧张时，丘吉尔每天要工作18个小时。当别人问他面对如此沉重的责任是不是常感到忧虑时，他回答说：“我太忙了，没有时间忧虑。”

一个人不论多么聪明，都不可能一心二用，因为一种感觉会把另一种感觉赶出去。忙碌时，大脑被各种具体的事情占满，就很难有空间去理会各种负面的情绪！这个简单的心理发现也使得第二次世界大战时的军方心理专家创造出了医学奇迹。

当士兵们从战场上败退下来时，他们通常都会患上“心理上的精神衰弱症”。针对这种情况，军队医生采用了“保持忙碌”的治疗方法。他们把士兵们的时间安排得满满的，让他们钓鱼、打猎、打篮球、打高尔夫球、拍照、种花、跳舞等等。让这些精神受到打击的人每时每刻都有事情在做，根本不让他们有时间去回想那些可怕的经历。

闲坐催生“胡思乱想”。这些“胡思乱想”犹如传说中的魔鬼，往往会赶走我们的平静，控制我们的思想和情绪，从而摧毁我们行动的意志。

哥伦比亚师范学院教育系教授詹姆斯·马歇尔说得很清楚：“忧虑对你伤害最大的时候，不是在你忙着工作的时候，而是在你做完一天的工作之后。那时，你的想象力会混乱，你会夸大每一个小错误。你的思想就像一辆失去平衡的汽车，横冲直撞，摧毁一切，甚至把自己撞成碎片。而消除忧虑的良方，就是让自己做一些具体有意义的事情。”

我认识一个名叫查伯尔·朗曼的纽约商人，他就是用忙碌来赶走“胡思乱想”，使自己没有时间烦恼和忧虑的。

他曾经给我讲过这样一个故事：

“18年前，我患上了失眠症，内心一直处于紧张不安的状态。我担心自己的精神即将崩溃。让我紧张不安的原因是：当时我是纽约市西百老汇418号皇冠水果制品公司的财务经理。公司投资了50万美元进行草莓罐头的生产。但跟我们合作多年的大冰淇淋厂商因为要扩大再生产，他们出于成本和时间上的考虑，以桶装草莓替代了我们的产品。这样就使我们进退两难：50万美元的草莓卖不出去；根据合同，我们还要再购买100万美元的草莓。我们已经向银行借贷了35万美元，既还不出钱，也不能再续借贷款——我没有理由不担忧！

“我匆忙来到我们在加州的总厂。我迫切需要做的事是让总经理相信一切很快都会变好，否则我们只能倒闭关门。但是他已经对我们的能力产生了质疑，不再相信纽约的公司以及那些可怜的业务员。

“经过几天的协商讨论，我终于说服冰淇淋厂商把新包装投放在旧金山市场上卖。就这样，我们从困境中解脱了出来。按理说，到此为止我应该不再忧虑了，可我还是放心不下。忧虑已经像病毒一样占据了我的心里。

“回到纽约后，我开始担心所有的事情：在意大利买的樱桃、在夏威夷买的凤梨……我紧张烦躁，夜不能寐。

“我知道依靠药物治愈自己的可能性很小，我只能自己救自己。所以我采取了一种新的生活方式，全力以赴让自己一直处于忙碌状态。以前我一天工作8个小时，现在一天工作15个小时。我每天半夜拖着疲惫不堪的身体回到家中躺在床上，往往不过几秒钟就酣然入梦。

“这样的工作强度持续了将近3个月，忧虑已经离我远去。即使恢复到每天工作七八个小时的正常状态，我在空闲时间也不会忧虑了。这是18年前的事了。从那以后，我再也没有失眠和忧虑过。”

萧伯纳说：“人们之所以忧虑，就是因为有空闲时间来想自己到底快乐不快乐。”所以，女人们，如果想拥有幸福快乐的生活，想要忘掉忧虑，那就让自己忙碌起来！用忙碌调动自己的激情，去见识更广阔的世界！

享受当下景，珍惜眼前人

人们常常因为一句话而耿耿于怀，因为一件小事而坐困愁城。“人生一世，草木一秋”，人生短短几十年，何必整天为一些鸡毛蒜皮的小事而忧虑呢？要知道，再也没有什么比忧虑让女人老得更快了。忧虑会让女人的脸色变得难看，并在女人的脸上勾勒出皱纹。

罗伯特·摩尔讲了一个让我终生难忘的故事。他说：“1945年，我在中南半岛附近84米深的海底学到了我人生当中最重要的一课。当时，我们一共有88个人在一艘潜水艇上，雷达显示有一小支日本舰队朝我们这个方向驶来，包括一艘日本驱逐护航舰、一艘油轮和一艘布雷舰。黎明时分，我们浮出水面发动攻击。

“我们向那艘驱逐护航舰发射的三枚鱼雷都偏离了目标，所以它全然没有察觉，若无其事地继续向前驶去。我们打算更换目标——攻击最后那艘布雷舰，但是它突然转过头，径直朝我们驶来。我们迅速下潜到46米深处，以免被它探测到，同时做好预防深水炸弹的准备：在所有的舱盖上都多加了几层铁栓，关掉了所有的电扇和冷却系统及发电设备。

“3分钟后，6枚深水炸弹在我们四周爆炸了，一时间地动水摇！我们被水波快速推到海底84米深处。大家都被吓得目瞪口呆！那艘日本布雷舰在接下来的15个小时里，一刻不停地在我们四周投放深水炸弹。

“深水炸弹对潜水艇的伤害极大，只要相隔在5米以内，炸弹就可以在潜艇上炸出一个大洞来。大约有十几颗深水炸弹就在离我们15米的地方爆炸。我们奉命‘固守’——静躺在床上，保持镇定。我吓得呼吸都快要停止了，觉得自己‘这下死定了’。因为电扇和冷却系统全部关闭，潜水艇内的温度高达38摄氏度，可是我却牙齿打战，全身冒冷汗。15个小时以后攻击停止了。显然，那艘日本布雷舰的炮弹用完了。

“这15个小时的攻击，就像是1500万年。在这漫长的过程中，以前做过的所有坏事，以及我曾担心的所有小事，像过电影一般浮现在我的脑海里：我当过银行职员，那时整天为工作时间太长、薪水太少而且没有好前景而愁眉苦脸；我曾因为囊中羞涩没有办法买房子、新车、好衣服而忧心忡忡；我曾特别讨厌以前的老板，因为他总是找我麻烦；我还常常因为工作不顺心，下班回到家后莫名其妙地冲太太发脾气；我甚至还曾为身上几块无关紧要的伤痕而发愁……

“在多年以前，那些令人发愁的事看起来很大！可是，就在深水炸弹就要夺走我生命的那一刻，这些事情又算得了什么呢？就在那一刻，我告诉自己，如果我还有机会活下去的话，永远也不会再为一些小事忧虑了。永远！永远！”

我们通常都能够勇敢地去面对那些重大危机，却往往会被那些小事情搞得心烦意乱，焦头烂额。

纽约州前地方检察官弗兰克·霍根曾说："我们处理的刑事案件一半以上都是由小事情引起的：在酒吧里逞英雄，为小事情争吵，行为粗鲁……这些小矛盾往往酿成了最后的悲剧。"

芝加哥的约瑟夫·沙巴士法官也说过："小事是导致婚姻生活不美满的根本原因。"

我和夫人曾请了几位朋友到家里来吃晚饭，就在他们快到的时候，我夫人发现有三条餐巾和桌布的颜色不配。

她后来告诉我："我急匆匆来到厨房，这才发现另外三条餐巾送去洗衣店了。客人这时已经进了家门，想换已经来不及了。我的眼泪一直在眼眶里打转，我当时一直恼恨自己：'这个愚蠢的错误会毁了整个晚上！'然而我转念一想，再悔恨也于事无补。于是，我坦然走进去吃晚饭，决定好好享受一下，我不想让他们认为自己是一个神经兮兮、脾气暴躁的女人。后来据我所知，根本没有人把那些餐巾放在心上。"

一句众所周知的法律名言说："法律不管小事。"同样，人也不该为小事而忧虑——如果你希望自己内心保持平静，如果你想克服由小事所引起的困扰，只需把关注的重点转移就可以。我的朋友荷马·克罗伊是位作家，他举了一个例子来证明自己是如何做到这一点的。他以前住的公寓条件比较差，散热器会砰砰作响，每当这时坐在书桌前工作的他就很抓狂。

"后来有一次，我与几个朋友同去野外宿营，我发现木柴烧得很响的声音与散热器的响声非常相像。但我心里的感觉为什么会如此不同呢？回到家以后，我叮嘱自己说：‘火堆中木头的爆裂声很好听，散热器的声音也差不多，我应该埋头就睡，不必理会这些噪声。’结果，我真的做到了。虽然头几天我还会注意散热器的声音，但不久后我就完全忘了它的存在。很多其他的小忧虑也是一样，因为我们不喜欢，结果搞得自己很烦躁。其实，这都是因为我们无形当中夸大了它们的重要性……”

生性乐观的人，懂得在逆境中找到光明；生性悲观的人，却常因愚蠢的叹气，而把光明给吹熄了。当你懂得生活的乐趣，就能享受生命带来的喜悦。

其实，人生本应该是快乐的，快乐才是人生永恒的主题。为快乐而活，是一种洒脱，是一种境界，是最为成功的人生。烦恼很多时候不过是我们自找的。

因此，想要拥有快乐幸福的女人请记住这项法则：不要为小事而忧虑。

把负面情绪
踩在高跟鞋下

世界上最恐怖的监狱是人的内心，它没有铁窗和围墙却把人牢牢困住。为不愉快设计一个“到此为止”的底线吧，让那些痛苦与忧虑远离我们原本纯洁本真的心灵！

很多人都想知道如何在股票交易中赚钱，投资顾问查尔斯·罗伯兹给我讲述了他的故事。

“那时候我刚从得克萨斯州来纽约，身上带了两万美元，是朋友给我用来投资股票市场的。我原本以为自己对股票市场很在行，可最后却赔得分文不剩。

“我并不在乎把自己的钱都赔光了，可把自己朋友的钱赔光了却是另外一回事，虽然他们都很有钱。我很害怕再见到他们，但我没有想到的是，朋友们对这件事情看得很开。

“我开始总结失败的原因，决定在再度进入股票市场之前，自己一定要先弄明白股票市场到底是如如何运作的。于是，我去拜访一位成功的预测专家波顿·卡斯特。他多年来一直非常成功，我知道能做出这番事业的人，不可能全靠机遇和运气。

“波顿·卡斯特先问我以前是如何操作的，然后又告诉我股票交易中最重要的一条原则。他说：‘我对在股票市场上购买的每一只股票，都会设定一条止损线。例如，我买了一只50美元的股票，设定的止损线是45美元。也就是说，只要这只股票跌价达到5美元，我就立刻卖出去，这样损失就可以限定在5美元。这样下来，你可能平均会赚10 ~ 25美元，甚至50美元。因此，在把你的损失限定在5美元内以后，即使你有一半以上的判断出现错误，还是能赚很多钱。’

“我听从了他的指导，并且从此一直使用这个法则。这个办法替我和我的顾客挽回了许多钱。过了一段时间，我发现这一‘到此为止’的原则也可以用于股票以外的地方。我开始在每一件烦恼和不快的事情上都加上一个‘到此为止’的限制，结果意想不到的事情出现了！例如，我有一个朋友每次和他吃饭的时候，他都会迟到半小时以上。所以现在我会告诉他我的底线，我对他说：‘以后我只等你10分钟，要是你在10分钟以后才赶到，那我们的午餐就算告吹——我会先走。’他之后果然再也没有迟到过！”

看来，一个人无论做什么事情，都要有一个自己的底线。

梭罗在他的日记里写道：“一件事物的代价，也即我称之为生活的总值，需要当场交换，或在最后付出。”用另外一种方式来说：如果付出的代价太多的话，那生活肯定是不如意的。但写过许多世人非常喜欢的轻歌剧（如《宽容》、《围裙》和《麦卡多》）的吉尔伯和苏里文，就不幸沦落为这样的角色。

吉尔伯和苏里文的悲哀就在于，他们只知道如何创作快乐的词曲，却完全不知道如何寻找生活中的快乐。他们不会控制自己的脾气，竟然为了一块地毯而争吵多年：当吉尔伯看到苏里文为他们的剧院买的新地毯的账单时，气得七窍生烟。

细小的导火索引起了巨大的爆炸，他们对簿公堂，并且至死都没有再交谈过。苏里文为新歌剧写完曲子后，就把它寄给吉尔伯；而吉尔伯填上歌词之后，再把它寄回给苏里文。一旦他们必须同时上台谢幕，他们就站在舞台的两边分别向不同的方向鞠躬——这样才不至于看见对方。

之所以会出现这样的结局，主要是因为吉尔伯和苏里文不懂得为他们的不愉快设定“到此为止”的底线。而林肯就比他们懂得“度”的智慧。

南北战争期间，林肯的几位朋友攻击他的一些敌人。林肯说：“你们对私人恩怨的感受比我多，也许我这种感觉太少！可是我总觉得一个人没有必要把时间花在争吵上，他可以利用这个时间做点更有意义的事。如果那个人从此以后不再攻击我，我是不会记恨他的。”

林肯的宽恕精神令人深受启发。我真希望我的姑妈伊迪丝也能具备这种胸怀。她和姑父弗兰克住在一个土质坏、灌溉条件差、收成不好、被抵押出去的农庄。他们日子的艰难不言而喻。伊迪丝姑妈曾向密苏里州马利维里的一家小杂货店赊过一些窗帘和小饰物，因为她喜欢装饰那个穷家。但是姑父弗兰克很讨厌再负担更多的债务，所以他私下里叮嘱杂货店老板不要赊账给自己的太太。姑妈听说之后，大发雷霆。她曾经不止一次向我说起这件事情。我最后一次见到她时，她将近80岁了。我对她说：“伊迪丝姑妈，弗兰克姑父这样羞辱你确实不对，可是那件事情已经过了半个世纪了，你也差不多埋怨了半个世纪。您这样是不是有点过分呢？”对于这件小事，伊迪丝姑妈付出的是她半个世纪的内心的平静，这个代价实在是太大了！

“正确的价值观”是获得心理平静的最大秘诀，不忧虑、不埋怨的活法就是凡事要把握好“度”，明白什么事情值得，什么事情不值得。

忧虑使人如蓬草，快乐女人一枝花

在这个世界上，为什么有的人活得轻松，有的人活得沉重？那是因为后者总是处于忧虑的情绪中。要知道，即使是最强壮的人，若是有无穷无尽的忧虑情绪，也会变得很脆弱。生命不能背负太多的痛苦与悲伤。所以，女人们，我们应该乐观一些，放弃忧伤与不快，方能活得轻松，活得快乐！

诺贝尔医学奖获得者亚历西斯·卡瑞尔博士曾说："不知如何克服忧虑的商人，往往英年早逝。"其实这句话对任何人都适用。

数年前，我与葛伯医师一起度假——他是圣太菲铁路公司的医药执行总裁。当时，我们开车穿越德州与新墨西哥州。当我们谈到忧虑的后遗症时，他说："其实70%的人都不用就医，他们只需要摆脱内心的忧虑和担心，病就会好了。因为忧虑会造成神经紧张，神经紧张就会影响胃部神经系统的正常反应，从而改变胃液的正常分泌，最后引起胃溃疡。"

在医学著作《紧张引起的胃病》中，蒙泰格医师也做过同样的论述。他说："你所吃的食物不会引起胃溃疡，而折磨你的心事，才会引起胃溃疡。"

玛若诊所的哈罗德医师在美国医师协会年度报告会上发表一份报告：他调查研究了176位企业主管，他们平均年龄为44.3岁。其中有接近1/3的人受到消化性溃疡、心脏病以及高血压等病痛的困扰，而这些疾病都是由紧张所引起的。

一位世界知名的烟商，在61岁时便因心脏衰竭而亡。以我个人的评价标准来衡量，我父亲比他更成功。因为虽然他只是密苏里州的一个平凡农夫，却得以享受天伦之乐，活到了89岁高龄。

要知道：一个人即使拥有全世界的财富，也只能睡一张床，每日三餐。费心劳神去谋取无尽的财富而失去健康的生活是得不偿失的，那不是真正意义上的幸福快乐。

由玛若兄弟诊所曼宁格医生所著的《与自我为敌》一书中提出了一个这样的问题：当你情绪低落的时候，你会发生怎样的变化呢？玛若医师宣称："我院床位上多半都是精神紧张忧虑过度的病人。从医学上来讲，如果用高倍数显微镜观察这些患者的神经细胞，它跟普通人的一样健康。显然他们的毛病不是生理上的，而是由烦恼、焦虑、挫折、恐惧、绝望等情绪所导致的。"

忧虑具有强大的摧毁力，它能摧垮世界上最坚强的人。美国南北战争末期，格兰特将军的故事就充分证明了这个道理。

格兰特将军包围了里士满9个月，自己军队士气低落。敌方李将军的部队食不果腹，于是他们放火焚烧里士满城内的棉花及烟草仓库，焚烧军火库，想借着烈焰冲天之际逃出围城。格兰特部队当然不会轻易放弃，紧追不舍，从两边包抄突袭，骑兵队又阻断了他们的后方供给源。

格兰特将军当时头痛欲绝，视力也模糊不清。他落在了军队的后面，在一个农场旁停了下来。他在回忆录中写道：

“我在那里熬了一夜，用热水混合着芥末烫脚，然后用芥末膏涂在手腕上与颈背后，希望这样能缓解头痛。第二天早上，头痛果然消失了。不过那不是芥末膏产生的作用，而是因为我收到了由传令兵送来的南军李将军的投降书。”

格兰特将军的头痛显然不是病理性的，而是由于过度忧虑、紧张所引起的。一旦好消息及胜利的喜悦感取代了原来的低落情绪，头痛便立即不治自愈了。

当法国哲学家蒙田被选为市长时向家乡波多城的市民们宣讲：“我愿为市政工作奉献全力，但我不会为了工作损害健康。”因为蒙田知道，没有什么比健康更重要。

一次，我陪一位患甲状腺疾病的朋友到费城去看病，我们要拜访的是一位著名专家，他在这方面已有38年的临床诊疗经验。在候诊室里，墙上挂着一块巨型木牌，上面写的是他给病人的忠告：

放松与消遣：最好的消遣方式就是促进健康信仰、无忧睡眠、聆听音乐和欢笑——健康和欢乐将属于你。

他询问患者的第一个问题是：“你有哪些事情值得忧虑？”紧接着他就会郑重警告说：“如果再继续忧虑下去，你还会得其他并发症，如胃溃疡、心脏病或糖尿病。”这位专家还说：“这几种毛病都是近亲。”

卡瑞尔博士说：“在现代紧张快节奏的都市生活中，只有保持内心平静的人，才能免于精神崩溃。”在当代紧张的生活中保持内心的平和，这一点至关重要。我们要相信自己的意志足够坚强。梭罗在不朽名著《湖滨散记》中这样说：“我坚信人的现实生活受到精神力量的左右——如果人自信地朝自己的理想迈进，不断改善他的生活，他终将如愿以偿达到梦想中成功的彼岸。”

当然，很多人是越挫越勇的。在灾难来临时，自己反倒不知道忧虑。爱达荷州的贾维小姐就是一个范例：

“8年半前，我患了癌症。这是全国最权威的医学中心作出的诊断，我不得不相信。我当时万念俱灰，打电话找我的医生哭诉：‘我还如此年轻，我还不想死。’他没等我哭诉完，便很不耐烦地打断我：‘你怎么能这样！你怎么一点斗志也没有！再这么哭下去，谁也帮不了你。当然，情况确实不妙——但你要勇敢地面对残酷的事实！不要一味地只顾担忧，而是应当想办法突破现状！’听了医生的话，我立下了一个极为庄严的誓言，我痛下决心：‘我将不再忧虑！停止哭泣！我一定要活下去！与病魔做斗争，赢得这场与死神的战争。’

“虽然接下来的化疗让我枯瘦如柴，但我不再忧虑！从那次之后，我再也没哭过！我总是微笑着！没错！我时刻提醒自己：要笑对人生！我倒没有傻到认为微笑可以治愈癌症的地步，但我确信积极开朗的生活态度有助于身体恢复健康。事实证明，我确实获得了重生的奇迹。过去的几年中，我重新拥有了的健康生命，我感谢医生当时激励我的话：‘面对残酷的现实吧！停止担忧！想办法突破它吧！’”

我想把卡瑞尔博士的话永刻在女人们的心坎上：“不会克服忧虑的人，往往英年早逝。”

挺胸抬头，向前看的女人最明智

人生之路是不可逆转的，当然也就不可能重新选择。有位作家曾说过：“我们可以转身，但是不必回头，即使有一天发现自己错了，也应该转身，大步朝着对的方向迈去，而不是一直回头埋怨自己错了。”女人们，不要总为过去的错误而悲伤，今天才是幸福的开始！

多年前，保罗·布兰德温先生的一堂课，令纽约市布朗士区的亚伦·桑德斯印象深刻。时至今日他仍然会这样评价：这是对他的人生最有价值的一堂课。

“当时我只有十几岁，正是无忧无虑的年龄，可是我却经常忧虑，我常常为自己犯的各种错误而自责。每次考完试，我都会在半夜里睡不着，担心考试不及格。我总是在想我所做过的事情，希望当初没有那样做；总是在想我所说过的话，希望当时没有那样说。

“有一天早上，我们上实验课。布兰德温先生将一瓶牛奶放在桌子边上。我们都很奇怪地坐下来，望着那瓶牛奶，心想这和今天的课有什么关系。这时，布兰德温先生突然站起来，将牛奶瓶打碎，牛奶泼在水槽里，他大声叫道：‘奶瓶碎了，但不要为打翻的牛奶哭泣。’随后，他叫同学们都到水槽边来看那瓶打碎的牛奶。‘好好看着，’他说，‘因为我要你们一辈子都记住这一课。牛奶已经没有了！都洒光了！无论你多么着急，无论你怎样抱怨，都无济于事了。一切都没办法改变了。现在，我们能做的就是把它忘掉，关注下一件事。’

“布兰德温先生那次小小的表演，让我终生难忘。事实上，这件事教给我的道理，比我在高中学的任何知识都管用。它教会我一个道理：如果可能，就不要打翻牛奶；万一打翻了牛奶，就要彻底忘掉它。”

已故的弗雷德·富勒·谢德有一种天生的本领，他能把古老的真理用自己独特的语言和方式表达出来。作为《费城公报》的编辑，有一次他被邀请为某大学毕业班做演讲。他问道：“你们中有多少人锯过木头？锯过的请举手。”结果大部分学生都举起了手。然后他又问：“有多少人锯过木屑？”此时，没有一个人举手。“当然，你们不可能锯木屑！”谢德先生说，“因为它已经被锯下来了。所以如果你再做那些已经做完的事情，你只不过是在锯木屑，毫无实际意义可言。”

棒球老将康尼·马克81岁高龄时，我问他是否曾为输了比赛而忧虑。他回答说：“当然。我以前总是这样，可是多年以前我就不再干这种傻事了。我发现这样做对我没有任何好处，因为磨完的细粉不能再磨，水已经把它们冲走了。”

磨完的细粉不能再磨，木屑也不能再锯了。既成的事实不可更改，何必还对过去的事情耿耿于怀？

去年的感恩节，我和杰克·邓普赛共进晚餐。当我们吃火鸡和酸果酱的时候，他给我讲了他把重量级拳王头衔输给金的那一场比赛。这对他而言的确是一个沉重的打击。他说："在比赛的中间，我突然感觉自己就像一个老头一样虚弱……当第十回合结束时，我总算没有倒下去，但仅此而已。我的脸已经被打肿了，双眼几乎无法睁开，四周一片模糊。我只看见裁判员举起金·通利的手，宣布他获胜……此时此刻，我的脑子里只有一个声音：我不再是世界拳王了。比赛结束后，我穿过人群回到更衣室。有些人想来握我的手安慰我，也有一些人眼含泪水默默地看着我。

"一年之后，我和金·通利又赛了一场，结果我仍然以失败告终。让我完全不为这件事情发愁实在太难了，可是我对自己说：'不要生活在过去的阴影里，不要为打翻的牛奶哭泣，要学会承受打击，不让它把我打倒。'"

杰克·邓普赛正是这样做的。他一再叮嘱自己不要为过去忧虑，并且迫使自己不再想起过去的那些失败。为此，他付出了巨大的努力：他开始经营百老汇的邓普赛餐厅和第57大街的大北方旅店，安排和宣传拳击比赛，举办各种拳赛展览会。他让自己在做一些有意义的事情的过程中，忙得既没有时间也没有精力为过去担忧。"我过去10年的生活，"杰克·邓普赛说，"比我当拳王的时候幸福多了！"

读书并不多的邓普赛先生却在不自觉地照着莎士比亚的忠告行事："聪明人永远不会坐在那里为他们的错误而悲伤，相反，他们会很高兴地想办法来弥补创伤。"

我曾经参观过星星监狱，让我感到吃惊的是，那里的囚犯们看起来和外面的人一样快乐。面对外界充满疑惑的目光，星星监狱的监狱长刘易士·路易斯这样解释："这些囚犯刚到星星监狱时，都心怀怨恨。可是几个月之后，他们当中比较聪明的人都能忘掉不幸，平静地接受监狱里的生活，并尽量把它过好。"路易斯监狱长还补充道："有一个在菜园工作的犯人能做到一边种菜，一边唱歌。那个浇花唱歌的犯人比我们大部分人都懂得生活的智慧。"

所以，就不要再浪费你的眼泪了。疏忽和犯错固然不对，但一切都已经过去。谁又能够保证从不犯错误？虽然拿破仑1/3的重要战役都以失败告终，但他依旧是拿破仑。

人生，没有永远的伤痛，再深的痛，伤口总会痊愈；也没有过不了的坎，只要你想办法，总能跨越它。

无法改变的事，忘掉它；有机会补救的，就要抓住机会去弥补。后悔、埋怨、消沉，不但于事无补，反而还会阻碍前进的步伐。牛奶已经打翻了，女人们不要在自责和懊悔中度日，当过去的已经成为既定的事实无法更改时，那就彻底放下，放眼未来。

不恐惧不抱怨，女人谋爱亦谋生

人们总以为幸福在别处，别处才是自己的归宿。总盼望着别处不同的生活，总以为那未知的生活就一定是好的，所以不停地追寻。直到有一天猛然发现幸福原来就在这里，就在此时。生活从来不在别处，而在眼前的每一分，每一秒。女人们，学会欣赏今天在窗外盛开的玫瑰花吧，此时，你就是幸福的。

人性之中最可悲的一件事，就是我们所有的人都拖延着不去生活。都梦想着在天边有一座奇妙的玫瑰园，而不去欣赏今天就盛开在我们窗外的玫瑰花。

1871年，有一个年轻人，无意中读到一本书，仅仅读了一段话，他的一生就因此而改变了。

他的名字是威廉·奥斯勒爵士。他创办了约翰霍普希金斯学院，成为牛津大学钦定的医学教授——大英帝国与医学界杰出人士的最高荣誉。

然而，就在1871年的那个春天，当他还是蒙特利尔医院的医科学生时，他正担心着如何通过期末考试，担心毕业后去哪里，担心未来如何谋生……就是因为那本书，因为那本书中的一段话，使一名普通的医科学生成为他那代人中杰出的名医。

也许你会好奇地问：到底是怎样的一句话，有如此的影响力？

这句话是苏格兰史学家托马斯·卡莱尔所说的："对我们来说，最重要的不是去看远方模糊的事，而是着手做手边清楚的事。"

42年后，威廉·奥斯勒爵士在校园里给耶鲁大学的学生做演讲时说："像我这样兼任四所大学的教授，又是畅销书的作者。大家肯定会认为我天赋超常。可事实并非如此。我的朋友们都知道，其实我只是一个资质平庸、再普通不过的人。"

那么，他成功的秘诀到底是什么呢？他之所以取得如此杰出的成就是因为他活在"完全独立的今天"。

奥斯勒爵士对耶鲁大学的学生们说："你们在座的每一位，都是一艘具有无比潜力的轮船，你们的航程也会比我更远。我要对你们说的是，你们要学会像控制机器一样控制自己，这样才能确保人生航程的绝对无误。到船舵室去，看看隔舱壁是否工作正常。按下按钮，用铁门隔断过去——已逝的过去；再按下另一个钮，用铁门隔断未来——未知的明天。然后你就安全了，至少今天是安全的！切断过去，与过去隔绝，切断那些把傻瓜引到死亡之路的昨天……明天的重担加上昨日的负荷，都要在今天承受，再坚强的人也会被压垮。把未来也忘记吧，把它紧紧地关在门外！未来就在于今天，没有所谓的明天。人类的救赎就是趁现在。同学们，紧闭你的舱门吧！练习养成活在今天的空气里的习惯吧！这就是我要对你们说的话。"

你也许会认为奥斯勒爵士的意思是我们只活在今天，不用为明天努力了。不！绝对不是那个意思。因为他在演讲中还说道："为明天所能做的最佳准备，就是将所有的智慧、热忱积极投注于今天的工作中。这是唯一能为未来做的准备工作。"

最近，我采访了世界报业巨头之一的阿瑟·海丝·索尔兹伯格。他跟我说，当第一次世界大战的战火横扫欧洲时，他恐惧了，忧虑了，彻夜难眠。那时，他常常半夜起来，拿着画布与颜料，对着镜子给自己画像。他说，其实自己对画画并不精通，这样做只是想借此消除忧虑。索尔兹伯格跟我说："虽然我想借画画消除忧虑，但是一直未能如愿，更没有寻求到精神上的平和。直到有一天我看到一段教堂的赞美诗：'恳请祥光引我前行，照亮我的前程；不求看清远方，但求眼前清醒。'我突然领悟到自己这样忧虑其实没有任何意义。"

在圣母诞生前的500年里，希腊哲学家赫拉克利特就说："你不可能两次踏进同一条河流。"因为河水时刻都在变，所以任何人不可能同时踏进两次。生活也是如此，因为它不断变化着，过去和未来都是我们无法左右的，只有今天才是确定的。为什么要把今天的美妙生活浪费在解决过去和未来的问题上呢？

古罗马有句话说得好："享受每一天"或者"抓住每一天"。是的，要抓住今天，尽情享受今天！

约翰·拉斯汀把上面刻了"今天"两个字的石头放在书桌上。我没有在书桌上放着这样的石头，但我却在镜子上贴了一首印度著名戏剧作家卡利达萨写的诗《黎明圣歌》，以便自己每天刮胡子的时候都能看到：

注视今天！

这就是生活，生命的活动。

在这短暂的时期，

蕴涵着你所有的改变和事实：

成长的祝愿，

行动的光荣，

成功的辉煌。

只因昨天是场幻影，

明天也是虚缈的影像。

但是今天，

却能使每个昨天成为快乐的梦境，

每一个明天成为希望的美景。

所以，注视今天吧！

这就是你对黎明的献礼。

所以，关于忧虑，女人们你要知道，如果你不希望它干扰你的生活，想把忧虑赶走，就要学习威廉·奥斯勒爵士的做法：将过去和未来的大门紧锁住，只活在今天的空气里。幸福不在别处，幸福就在你身边，在日复一日的单调劳作中，在一日三餐的清茶淡饭中。

让女人受益一生的幸福课：

- 将所有关于明天的烦恼全都抛掉，让自己重新变回一个对生活充满信心的乐观者。要抓住今天，享受今天，尽可能地去利用今天！
- 当过去的已经成为既定的事实无法更改时，那就彻底放下，放眼未来！
- 忧虑会伤身，不要跟自己的健康过不去！

第二课

遇事要乐观，人生之路才能平坦

微笑既可以美化我们的心灵，又可以让快乐无处不在，是它让这个世界充满友善与朝气。

开心是福，简单是真

赶走坏心情，让自己快乐起来。如果你能同时把这种快乐的情绪带给他人，并尝试坚持这样做下去，你会发现：幸福时刻包围你。谁不喜欢能给自己带来快乐的人呢？当你给别人阳光时，你也会得到阳光。

《撒哈拉之风》、《先知》的作者勃德莱，曾经详细地给我讲述了他那不平凡的人生经历：

“1918年，我离开了自己的家乡，在非洲西北部的撒哈拉生活了七年。那儿的居民过着游牧生活，我学会了他们的语言，穿他们的服装，吃他们的食物，并在极大的程度上尊重他们的生活方式。我白天放羊，夜晚则睡在阿拉伯人的帐篷里。和这群流浪的牧羊人在一起生活的七年，是我一生之中最安详、最富足、最难忘的时光。

“我的生活本来就多姿多彩：我的父母是英国人，我从小在巴黎生活了九年，在英国接受教育，在印度驻军六年……在四年的‘一战’前线战斗中，我怀着无比崇高的信念——为了维护人类文明而战。而巴黎和会上的所见所闻令我感到震惊和失望：每个国家都在外交上秘密地施展阴谋诡计，竭力为自己争夺土地。这为第二次世界大战的苦果埋下了祸根。

“无论是战争、军队还是整个社会，我几乎对一切都产生了一种发自心底的厌倦感。那一夜，我第一次失眠了，我陷入了人生的彷徨之中。我到底应该选择哪种职业呢？好友乔治建议我进入政治圈，我正考虑是否接受他的建议。但是接下来发生的一件事情改变了我后来的七年岁月。这是一次不足四分钟的谈话，谈话的对象是第一次世界大战中最富浪漫色彩的‘阿拉伯的劳伦斯’。他是个传奇英雄，有过长期和阿拉伯人在沙漠里生活的经历。他的建议你简直无法想象：他建议我走入沙漠！

“开始的时候，我觉得这个建议有些荒诞不稽。但是我即将退伍，找份工作是迫在眉睫的事情。在求职者多如牛毛的和平时期，民营公司的老板们是不愿意雇像我这种正规军队退伍军官身份的求职者的。因此，我抱着尝试的心态，按照他的说法前往阿拉伯人的世界，与那里的人在沙漠里一起生活。

“在撒哈拉遭遇炙热暴风的经历给我留下的印象最为深刻。暴风一连刮三天三夜是司空见惯的事情。风势迅猛而强烈，裹挟着沙子的暴风如同火炉般灼热。我感觉到头发似乎马上就要燃烧起来，眼睛热得好似要从眼眶里跳出来，嘴里都是沙粒。我觉得自己仿佛站在轧钢厂的熔炉前，痛苦得要疯狂。然而阿拉伯人却不以为然，连半句怨言也没有，他们微微耸耸肩膀说：‘麦克托伯！’

“在暴风中他们是被动的防御，一旦风沙过后，他们立刻展开自救行动。他们会将所有无法存活的小羊杀死，为的是可以挽救母羊。

接下来，他们再将剩下的羊群赶到南方去喝水……在做所有这些事情的时候，他们的内心都是十分平静的，对刚刚遭受的损失没有任何抱怨和忧虑。部落酋长说：‘这个结果还可以接受，因为我们没有损失所有的一切，上天还把40%的羊群留了下来。希望还在，我们可以从头再来。’

“我始终不能忘记的还有另外一件事：有一次，我们乘车横越大沙漠，一只轮胎在滚热的沙子里爆裂了。大意的司机忘了带备用胎，我又急又怒，无可奈何地向那些阿拉伯人请教解决办法。他们对我说：‘急躁解决不了任何问题，只会让人更觉苦闷。车胎破裂是现实，既然已经无法抗拒，那就只有直接面对。’当靠三只轮胎前进的汽车最后连汽油也一滴不剩的时候，面对这种处境，酋长只说了一声：‘麦克托伯！’在整个横穿的过程中，没有一个人因司机的过失而咆哮不已。相反，最后我们一路上不停地唱着歌走向目的地。

“只要住在撒哈拉，我就没有任何烦恼，而且始终能够保持着快乐的心情。在那里我能够找到心理上的满足，身体也越来越健康，而这一切也正是我曾经居住多年的欧美文明的大都市所缺失的。”

上面是勃德莱讲的自己的故事。听完后我思绪万千：原来我们内心的平静和我们所得到的快乐，并不在于我们在哪里，我们有什么，或者我们是什么人，而只在于我们的心境如何！所以说，只要有了快乐的思想和行为，你自然就会感受到快乐。

我认识一个名字叫作英格莱特的人，他家住在印第安纳州。他现在还活着，完全得益于十年前他得的那场病。当时，医生已经将他判处死刑——猩红热加肾病再加高血压。病情无法医治，最好马上准备后事。

他回到家里，向上帝忏悔自己以前所犯过的各种错误。一个星期他都把自己深深地埋在颓丧的情绪里，无法自拔。经过一番自怜自艾之后，他对自己说："你现在简直是个傻蛋，最起码，你一时半会儿还死不了，趁现在还有一口气在，为什么不快快乐乐的呢？"于是他把胸膛挺得高高的，脸上布满微笑。当然，刚开始的时候，做到这一点很不容易。但是他强迫自己要开心和高兴起来，因为这样对家人来说也是一种安慰。

他是面带着笑容跟我谈那一段经历的："接着，我发现自己开始逐渐好转。现在我的血压已经恢复了正常，人活得好好的。回想当初，如果我一直悲观地想到死，那么也许我也就没救了。由此，我也找到了我的救命良方——改变我的心情。"

莫要忘记威廉·詹姆斯的话："通常，只要将内心的恐惧转换成奋斗的意志，就能把大部分我们所谓的邪恶，改变成对你有帮助的优势条件。"想要拥有幸福快乐的女人们，让我们一起为快乐而奋斗吧！

聪明女人不做情绪的“奴隶”

无论是谁，都难以逃脱情绪的包围。喜、怒、哀、乐这四种基本情绪构成了人类丰富的情感元素。我们都是情绪的“奴隶”，心情随时转换。但是我们要学会改变，学会做情绪的主人。

痛恨并不能使我们变得强大，相反却可以给敌人可趁之机。《生活》杂志报道说：“报复心会损害人的健康。高血压患者的主要特征是容易愤怒。愤怒不止的话，长期性高血压和心脏病就会随之而来。”

数年之前，华盛顿州斯泼坎城一家餐馆的老板就因为生气致死。关于此案，华盛顿州斯泼坎城警察局局长在给我的来信中说道：“68岁的威廉·弗尔坎伯在斯泼坎城开了一家咖啡馆。因为他的厨师坚持用茶碟喝咖啡，他被活活气死。当时，那个咖啡馆老板非常恼火，抓起一把左轮手枪去追那个厨师，结果因为心脏病发作倒地死去——他手里还抓着那支手枪。验尸员报告说：他是因为愤怒而导致心脏病发作。”

这正如莎士比亚所说的："不要因你的敌人而燃起一把怒火，结果却烧伤自己。"

乔治·罗纳住在瑞典的艾普苏那，他在维也纳当了很多年的律师。他在第二次世界大战时逃到了瑞典，生活困窘。他迫切需要找一份工作来维持基本的生活。他能说多种语言，所以找到一份秘书的工作对他来说不难。他更希望在进出口公司工作，但是战争给他的谋生带来巨大的困难，绝大多数公司都因为现在正在打仗而不需要这类工作人员。

有一个人给乔治·罗纳的回复是："我的生意你根本就不了解。你既蠢又笨，我根本不需要商务秘书。即使我需要，也不会找你，因为你甚至写不好瑞典文，你的信里全是错字。"

那个瑞典人自己的信在语法和措辞方面漏洞百出，可是他竟然大言不惭地说罗纳不会瑞典文。乔治·罗纳看到那封信时，他简直气得七窍生烟。盛怒之下，乔治·罗纳不假思索地拿起笔写回信，他想要反击。但是，在写信的过程中，他渐渐冷静下来。他对自己说："也许是过度的自信蒙蔽住了我的眼睛，自己没有经过仔细分析便武断地确定这个人说的不对。我学过的瑞典语毕竟不是我的母语，也许我确实犯了我并不知道的错误，而他人却看得一清二楚，特别是瑞典人。事实果真如此的话，我只有通过更加努力的学习，才能找到我梦寐以求的工作。换一个角度想问题，也许这个人可能在无意之中帮了我一个大忙。我应该给他写封真正意义上的感谢信，不管他有意还是无意。"

于是他在信中写道："你在不需要商务秘书的情况下，还不嫌麻烦地给我写信，实在是太感谢了！我之所以给您写信，是因为我从别人那里知道您是这一行的领袖人物。我之前的信中犯了很多语法错误，对此我觉得很惭愧。现在我打算更加努力地学习瑞典语，改正我的错误。谢谢你帮助我走上改进之路。”

乔治·罗纳没过几天就收到了回信，那个人真诚地邀请他过去见面。罗纳犹豫再三，最后怀着忐忑的心情去了。结果是他得到了这份工作。

爱我们的仇人，对于我们这些凡夫俗子来说是件极难的事情。但是为了我们自己，为了我们自己的健康和快乐，我们至少可以做到原谅他们，忘记他们。有句老话说：“不会生气的人是笨蛋，而不生气的人才是智者。”

艾森豪威尔将军的儿子约翰在解答他父亲是否怨恨别人的问题时，曾经这样回答：“不，我父亲从来不浪费时间去想他不喜欢的人。”

每个想要拥有幸福的女人都应该学会保持平静快乐的心境。前提是，女人们不要把时间浪费在去想那些我们不喜欢的人和事情上。所以，请记住：永远不要报复我们的仇敌，如果那样做，我们对自己的伤害将会远远大于对敌人的伤害。

知足常乐，不为欲望作嫁衣裳

我们很少想到我们所拥有的，而总是想到我们所没有的。如果你有足够的水喝，有足够的食物吃，就不该抱怨任何事情。当我们拥有幸福与快乐时，我们要学会感恩；当我们遭遇苦难与悲伤时，无须自暴自弃，更应感恩，因为阳光总在风雨后！女人，有了感恩的心，才会成为一个幸福的女人。你感恩生活，生活将赐予你灿烂的阳光；你感恩生活，幸福才会天长地久！

哈罗德·艾伯特是我的教务主任，我们两个人相识多年。一次我向他请教如何避免忧虑的问题，他给我讲了一个故事："以前我常为很多事情忧虑。我在韦伯市开过两年杂货店，不但没赚到钱，反而赔光了我所有的积蓄。我花了7年的时间才还清债务。就在前一个星期六，我的杂货店关门了。我无精打采地在街上走着。当时我正准备去工矿银行借钱，以便去堪萨斯城找一份工作。走着走着，我看见一个没有腿的人坐在一个小木板上，木板下面装着从溜冰鞋上拆下来的滑轮。他两手各抓着一块木头，撑着地滑过来。我看到他的时候，他刚好过了街，想上到人行道来。就在他翘起那小木板车的时候，他看见了我。他对我咧嘴一笑说：‘早啊，先生！早上天气真好，是不是？’我站在那里看着他，突然我发现自己多么富有：我有两条腿，我还能走路。我感到羞耻。一个缺了双腿的人都活得比我开心！我觉得自己顿时充满了信心。然后我挺起胸膛，鼓足勇气向工矿银行借了200美元。要知道，在没碰到他之前，我只打算借100美元的，而且对去堪萨斯城找工作也很没有底气。但是现在我自信地说，我要去堪萨斯城找工作！结果，我借到了钱，也找到了工作。

“现在，我在自己浴室的镜子上贴了一个纸条，以便我每天早上刮脸的时候就能够看到。上面写的是：‘别人骑马我骑驴，回头看那无腿汉，比上不足比下有余。’”

对于女人来说，幸福是一种感觉，心态决定幸福的指数。知足者常乐，如果有新鲜水喝，有足够的食物吃，就算是幸福的。

《时代》杂志的一篇报道：一个士官的喉部不幸被碎弹片击中，前前后后进行了7次大量输血。他给医生写了一张纸条，问：“我能活下去吗？”医生说：“能。”他又写了一张纸条：“我还能说话吗？”医生回答：“可以。”然后他又写了一张纸条：“那我还担心什么呢？”

我们已经拥有了那么多令人难以置信的财富，但可惜的是很多人却没有意识到这一点。看过下面几个问题后你就会知道自己是多么富有：

你愿意以10亿美元出卖你的双眼吗？

你认为自己的双腿值多少钱呢？还有你的双手、听觉、孩子、家庭？

只要你是一个正常人，你的答案就是唯一的。把你所有的资产加在一起，你就会发现你决不会卖掉现在拥有的一切，即使把洛克菲勒、福特和摩根拥有的黄金都加在一起也不卖。

叔本华说过：“我们很少想到我们所拥有的，而总是想到我们所没有的。”这正是世界上许多人最大的悲剧。不知足所造成的痛苦远远超过历史上所有的战争和疾病。因为不知足而怨天尤人，使约翰·帕尔玛“从一个正常人变成了一个怪老头”，他的家庭生活也岌岌可危。

“我从军队退伍之后不久，就开始做生意。我日夜不停地忙着，一切都很顺利。但紧接着问题就来了，我买不到零件和原料。我担心可能会被迫放弃生意，这种担心使我很快由一个正常人变成了一个脾气很坏的人。我变得非常尖酸刻薄，自己却没有察觉。然后，有一天，一个在我这里工作的年轻伤兵对我说：‘约翰，你应该感到惭愧。瞧你这副样子，好像全世界只有你一个人遇到了麻烦似的。就算你关门大吉，又会怎么样呢？你还可以东山再起。你有那么多值得感激的事，可你却老是抱怨。天啊，我真希望我是你！你看我，我只有一条胳膊，半边脸都受了伤，可我并不抱怨。要是你再这样没完没了地埋怨，你不仅会失去你的生意，还会失去你的健康、家庭和朋友。’

“这些话如醍醐灌顶，使我发现自己走上了歧路。我当时就决定必须改变，重新做我自己。事实上到最后，我的确做到了。”

塞缪尔·约翰逊博士就曾说过：“培养只看事物好的一面的习惯，比每年赚1000英镑更有意义。”塞缪尔·约翰逊博士并不是一个天生的乐观者，他曾穷困潦倒了20年，但最后终于成为家喻户晓的作家，靠的就是从苦难中发掘美好的性格！

《期待光明》的作者波姬儿·戴尔，她失明长达50年之久。虽然只能透过左边眼睛的一个小缝来看外界，而且眼睛上还满是疤痕，但是她从来没有放弃过自己。她从来没有自卑过，坚决拒绝任何人的怜悯和同情，更不愿被人们当作是“异类”。

小时候，她也想和其他小孩一起玩跳房子的游戏，可是她看不见画在地上的线。于是等其他孩子都回家以后，她趴在地上，把眼睛贴在地上察看。她把地上的线条牢牢记在心里，所以没用多长时间她就成为了玩这个游戏的好手。她如饥似渴地看书，在家中把眼睛紧贴到印有大字的书上，眼睫毛几乎都碰到了书页上。就是这样一个有缺陷的小女孩，最终却获得了两个大学学位：明尼苏达州立大学学士学位和哥伦比亚大学硕士学位。

“在我的脑海深处，”她写道，“常常怀着一种担心完全失明的恐惧。为了克服这种恐惧，我对生活采取了一种乐观得几近戏谑的态度。”

1943年，在她52岁的时候，奇迹发生了：她去著名的梅育医院做了一次手术，视力比以前清楚了40倍。一个崭新的、令人无比兴奋的世界展现在她眼前。这时她发现，就连在厨房的水槽里洗碟子，也会让她感到无比幸福。“我开始玩洗碗槽中的肥皂泡。我把手伸进去，把小小的肥皂泡捧在手里迎着光举起来，就会看到那些漂亮的彩虹。从水槽上方厨房的窗口望出去，我看到了振动黑色翅膀、飞过厚厚积雪的麻雀……”

自从降生到这个世界上来，有多少人每天对自己已经拥有的一切视而不见，不知珍惜？因此，女人请牢记：多想想你已经得到的恩惠，而不要理会你的烦恼。与其计较没有的，不如感恩自己已有的。感恩是一个人应该拥有的本性，也是人获得快乐的源泉。

赠人玫瑰，手留余香

“没有一个善良的灵魂，就没有美德可言。”没错，善是我们不可或缺的美德。善良的人对别人行善，自己也会幸福。因为赠人玫瑰，手留余香，我们的付出可能帮助一个人走出困境甚至获得新生。

写这本书时，我曾发起一个名为“我如何战胜忧虑”的征文比赛。这个有奖征文比赛邀请了三位裁判：东方航空公司总裁爱迪、林肯纪念大学校长麦克兰以及广播新闻分析家卡腾博。在收到的作品中，有两篇脱颖而出。

C.R.波顿的故事是其中之一：“我9岁时母亲有一天离开家，然后就再也没有回来。12岁时父亲死于一次意外事故。7年后母亲给我写了第一封信。她说父亲与别人在密苏里州的一个小城合伙经营一家咖啡馆，他的合伙人趁他不在私自出售了咖啡馆携款跑了。一位朋友发电报通知父亲，父亲在仓促赶路中不幸出车祸撒手人寰。年事已高、身体不便、家境贫寒的两位姑姑收留了其他三个兄妹。只有小弟和我成了孤苦无依的孤儿，镇上的好心人可怜我们俩，就把我们收留了。有一阵子我们寄居在镇上一个穷人家，但萧条的经济环境使一家之主失业了，我们彻底失去了食物来源。后来，罗芬夫妇把我接到他们的农场上，罗芬先生已年届70岁，长年卧病在床。他教导我只要诚实、不偷盗、听话，就能一直跟他们住。所以这三条戒律就成了我的圣经。

“刚上学的第一个星期，我每天都不愿意去学校，只想待在家里，一说去学校我就哭得像个新生儿。其实我这样做是因为其他小朋友总是取笑我的大鼻子，他们骂我是白痴，叫我‘小孤儿’。我的自尊心受到了伤害，我真想教训他们一顿。但罗芬先生教导我说：‘永远记住一句话，真正的男子汉是从来不随便跟人打架的。’我一直谨记罗芬先生的教导，直到有一天一个男孩把鸡屎扔到了我的脸上，我忍无可忍了。于是我狠狠地揍了他一顿。

“有一次，罗芬太太送了我一顶新帽子，我非常喜欢。可是有一天，一个高年级女孩突然把帽子从我头上抢走了，她用它灌水玩，结果帽子被弄坏了。我气坏了，她还说帽子装上水后给我戴上，好淋湿我的榆木脑袋，这样能让我清醒一点。在同学面前我强忍着不哭，不过回到家后我躲在自己房间里放声大哭。

“罗芬太太建议我可以和同学们化敌为友。她说：‘劳夫，如果你主动对他们表示友好，主动帮他们做些什么，他们可能就不会再捉弄你，或叫你小孤儿了。’我接受了她的这个建议。我开始发奋读书，很快我的成绩就在全班名列前茅，但大家并没有因此而嫉妒我，因为我总是辅导别人，帮助同学。

“后来，乡邻中连续发生了几起变故，两位年长的老人相继过世，一个妇女被丈夫抛弃。我是这四个家庭中唯一的男性，两年来一直默默地帮助这几位寡妇。上学或者放学的路上，我顺便到她们家，为她们砍柴、挤牛奶、喂牲口，做一些力所能及的事情。现在，再也没有人骂我了，相反，大家开始称赞我，人人都拿我当朋友了。后来，我从海军退役返乡时，到家的第一天，就有200多位乡邻来看望我。有人赶了80英里的路远道而来，他们对我的关心是发自内心的。13年来，再也没有人捉弄我了，我过得很开心。"

卢普博士已瘫痪了23年，但他对生活的热情却丝毫未减。西雅图市《星辰报》的记者惠兹豪斯写信给我："我多次采访卢普博士，从未发现比他更无私，更善于从生话中获得快乐的人。"

这位瘫痪病人如何获得快乐？即使给你两次猜想的机会，我想你也不一定猜得到。他的快乐不是因为他不断抱怨获得的！也不是因为以自我为中心，向所有人索取关怀获得的！他之所以获得快乐是因为他遵从了威尔斯王子的誓言："我志愿服务于人民。"他坚持收集其他瘫痪病人的通信地址，给他们写乐观向上的慰问信。此外他还组织了一个专为瘫痪者写慰问信的俱乐部。再接着他组织了一个全国性社团组织，这个组织让成千上万的病友们获得了鼓励。

卢普博士之所以与其他人之间存在巨大的差别，就是因为他具备使命感。他的善良和同情之心使他觉着别人的快乐比自己的生命还要重要。他的精神高度，我们唯有仰视。萧伯纳说："一个唯我独尊的人总是抱怨世界不能使他顺心如意，不能使他快乐。"

著名心理学家艾德勒曾说过的一句话使我非常感动："照以下处方，每天尽力使一个人开心，我保证你的忧郁症用两周就可以治愈。”每日行善之所以对人有好处，是因为在帮助别人获得快乐的过程中，我们就没时间忧虑自己了。自私自利是我们产生忧虑、抑郁与恐惧的罪魁祸首。

小说家叶慈太太是美国海军最受欢迎的女性，她亲身经历过的真实故事比她的小说更精彩！由于心脏不好，她一年多来每天绝大部分时间都要躺在床上度过，其余时间的活动至多也就是从房间走到花园去晒“日光浴”。就算如此之短的距离，她也要依靠女护士的搀扶才能走到。所以，她曾告诉我：“如果不是日军偷袭珍珠港，我永远都不能开始真正的生活。

“轰炸发生时，一颗炸弹落在了我家附近，把我从床上震了下来。外面一切都乱成了一锅粥，陆军指挥部派出卡车去接海军、陆军的军属到学校避难。红十字会的人忙着找志愿者。他们发现我家里有电话，问我是否志愿加入，把我家作为联络中心。我很愿意做这件事情。于是我把那些海军陆军的家属的名字都一一登记在册。红十字会的人通知军人们打电话联络我，让他们在我这里寻找他们的家属。

“不久之后，我得知了丈夫安全的消息。于是，我就尽力鼓励那些不知丈夫下落的太太们，并尽力去安慰那些失去了丈夫的寡妇们。这次战争前线阵亡的官兵共计2117位，另有960位下落不明。

“开始的时候，我一直躺在床上接电话，后来我坐在床上接。后来越来越忙，事情越来越多，我既忙碌又兴奋，完全忘记了自己的病，我便开始下床，坐到桌边工作。不久以后，除了每晚的8个小时睡眠，其余时间我就再也不用躺在床上了。

“如果不是日本空袭珍珠港，我可能下半辈子都得躺在床上度过。因为躺在床上非常舒服，所以我总是以等待来消磨时光，在潜意识里已失去了复原的意志。珍珠港空袭事件无疑是美国史上的巨大悲剧，但我的潜力却在这次危机中被激发了出来。我的注意力转移到了别人身上，我再也没有时间去考虑自己或顾影自怜了。”

正如心理学家卡尔·荣格所说的：“从生理方面，大约1/3的病人的病因主要是找不到生命的意义，而且自怜自怨。”如果每个病人都能像叶慈太太一样，找到生活的信心和理由，用自己的力量去帮助别人，那么他一定会有良好的心理和精神状态。

下面的故事是关于一个女孩子的，她现在已经当祖母了，她的故事对我也很有启发：“我家以前住在费城，是靠社会保障金生活的。我不能像其他姑娘一样装扮，也从来没有享受过正常的社交生活。我衣着寒酸，而且衣服经常不合身。对此我觉得羞愧不堪，常常是哭着睡着的。所以每次朋友聚会时，我都让男孩子们聊聊他们自己的故事、谈谈他们的人生观以及对未来的筹划等等。其实，问这些问题，倒不是因为我对他们的答案特别有兴趣，而是我想借此来分散男伴们的注意力，以避免他们发现我寒酸的装扮。可让人意想不到的是：从这些青年人的侃侃而谈中，我收获了很多。

“我开始对这些话题产生了真正的兴趣，也忽视了服饰的问题。更令我惊喜的是：因为我善于聆听他人，关心别人，又鼓励他们畅所欲言，所以他们跟我在一起时，总是很开心。渐渐地，我成为了最受男孩欢迎的女孩，曾经一度有三位男士向我求婚！”

要使自己开心，首先让别人快乐。施予他人恩惠，我们收获快乐。女人因为助人为乐、关爱别人，克服了忧虑，悲伤与自怜也忘到九霄云外，这就是重生。为人着想，助人为乐，我们就应该立刻行动，不再浪费一分一秒的时间。人生是单行道，如果有能力行善事，请现在就做，不要拖延。

女人们请牢记：保持心情愉快的唯一方法是不期望别人感恩，而是施恩于人。

用心去快乐，阳光透进来

不管是职业女性还是家庭主妇，她们都有各自不同的烦恼。对于职业女性来说，工作上的压力让她们觉得有些喘不过气来，而对于家庭主妇来说，婚姻的问题、家庭的烦恼则是一直困扰着她们的难题。曾经不止一位女士和我抱怨过：“卡耐基先生，为什么我的生活总是不能丰富多彩？为什么我与快乐永远无缘？难道说是我做错了什么？为什么上帝要如此惩罚我？”当我问她们为什么不让自己保持住快乐与活力的时候，这些女士往往会大喊道：“什么？你以为我们不想吗？可是生活上、工作上的压力让我们无法抬头，更别说是有闲心去玩乐了。”

其实，女士们有这样的想法不奇怪，但我却不赞同。实际上，很多男人要比女士们聪明一些，因为他们知道如何让自己保持快乐与活力的方法。你看，他们经常会把一些时间花费在自己的嗜好上，这样当他们再一次重返工作岗位的时候就精神焕发了。那么，女士们为什么不让自己保持住快乐与活力呢？你们不妨效仿男人，找时间做一些家庭以外的事情。这种方法很有效，它可以调节你的心境，使你能够有更好的心态去处理工作和家务。

我让女士们这么做并不是没有理由的，事实上，并不是繁重的工作和家务使女士们感到疲惫不堪，真正的罪魁祸首其实是生活中的单调、无聊和烦闷。其实，很多聪明人会花费大量的时间来游戏，而且游戏的时间一点都不比工作时间少。他们这么做就是为了让自己的生活内容有所改变，从而让自己有新鲜和有趣的感觉。

拿职业女性来说，很多职业女性都把自己的时间看得非常宝贵，因为她们每一天、每一周的大部分时间都是在公司度过的。当你让她们去做一些工作以外的事情时，她们总是会说："不，那不可能，我必须抓紧一切时间来好好休息一下，因为我太累了。"我不这么认为，其实，女士们不如利用周末的时间去听听音乐，要不就去孤儿院帮忙，或者做一些其他能够展现你们个性的事情。别小看它们，它们往往可以给你带来很多新的观念。

我的邻居乌尔特·芬克太太结婚后一直都在工作，因为她有三个孩子要养。不过，她一直都利用周末的时间去附近的一所教会学校教书。虽然这份工作是义务的，但乌尔特太太却乐此不疲。当有人问她为什么热衷于此时，乌尔特太太说："的确，这对我来说应该算是一份额外的工作，但它又不是一份工作。我之所以这么说，是因为这份工作给我带来了无限的快乐。你知道，和孩子打交道是一件让人兴奋的事情，我从他们的身上得到了活力。如今，我每天都让自己生活在快乐与活力之中，因为很多以前难办的事情都得到了解决。那时，由于工作压力很大，所以我对我的家人有些呆板，而且还很苛刻。现在就不同了，我已经把眼光放得很开了。我可以快乐地对待每一天的生活，充满活力地对待每一天的工作。”

家住德克萨斯州的罗兰女士也有一套让自己保持快乐与活力的方法。她把自己一周的时间都安排得满满当当：星期三晚上和丈夫一起去打球，因为那是他们两个共同的爱好；星期四要召开一个讨论会议，这样做一举两得。至于剩下的那三天时间，罗兰女士则会选择去听课。

当我们谈到这些工作的时候，罗兰女士说：“实际上，我从中获得了很多让人意想不到的收获。每当我们一家人聚在一起吃晚餐的时候，我们就会把有关这些工作的话题拿出来谈论，这使我们每个人都过得非常愉快。正是这些工作给我和我的家人注入了快乐与活力，因此才让我们从未因无聊和烦恼而发生争吵一类的事情。”

的确，保持快乐与活力能够让人忘记很多不愉快的事情。相反，如果我们总是让一些不愉快的、令人生厌的、死气沉沉的事情陪伴左右的话，那么我们的生活将会变得一团糟。我记得有一篇这样的文章，上面讲述了一个精神病患者的故事。这位精神病患者有一个不快乐的童年。在他小的时候，父母经常会把有关金钱、生活和其他不愉快的事情搬到餐桌上来争论。这种做法让这个可怜的孩子很难受，因为他每次都有一种想把吃进去的食物呕吐出来的感觉。

于是，我在看完这篇文章之后，就在家里立下一个规矩，那就是只要是在吃饭的时候，谈论的话题必须是有趣的、愉快的。就这样，每天的晚餐成为了我们家人互相联系感情的重要时间，每个成员都可以在这时享受快乐的滋味。在我的记忆中，我和妻子桃乐丝很少发生争吵，因为我们为了让自己每天都保持快乐和活力而总是找一些有趣的话题来交谈。

女士们，就算你们忘记了前两条，也一定要牢牢地记住第三条，因为健康对于每一个人来说都是最宝贵的。华盛顿健康中心的道尔博士经过研究发现，人如果每天都生活在痛苦、烦恼、沮丧和不安中，那么他们患上疾病的概率要远比那些终日充满活力、感到快乐的人大得多。博士进一步解释说，快乐是指情绪上的。如果你每天都能保持快乐的情绪，那么你就不会有压力。这样，你患胃溃疡、头疼等病的几率就小了很多。而活力则是支配人做事的动力，如果你每天都充满了活力，那么你就不会觉得生活和工作的压力很大。相反，你会觉得处理一切都是得心应手的。

没错，女士们，如果你们可以找一些事情让自己每天都保持快乐与活力的话，那么你们就可以有清醒的头脑去判断事物的价值了。道理很简单，女士们如果以乐观向上的态度把你们的精力放在了那些值得做的事情上的话，那么你们就不会重视那些终日给你制造麻烦的琐碎小事。这样一来，你们的精力就会集中起来，也会让你的家变成梦想中的快乐之园。每一个生活在园中的成员都能够公平地得到愉悦。

那我们究竟该怎么做才能让自己永远保持快乐与活力呢？其实很简单，那就是结合自己的性格，培养一种或几种自己喜欢的爱好。女士们不妨这样做，你们可以先想想是不是有什么事自己一直都想做，或是曾经很想做。这并不难，因为如果你自己细心观察的话会发现，其实在你身边有很多活动都非常有价值，即使你只是住在一个小小的村庄里也是一样。如果女士们真的实在想不到到底自己喜欢什么，那么你们就买本介绍各种俱乐部或机构的杂志，说不定能从那里找到答案。

我妻子就是这样安排她的生活的。因为工作的原因，我每周都会有一段时间不能在家里陪她。开始的时候，桃乐丝对这种生活很不适应。后来，她的思想发生了转变，对自己说："何必呢？为什么要每天都生活在痛苦和沮丧之中呢？快乐是一天，不快乐也是一天，何苦折磨自己呢？戴尔他很忙，没有那么多的时间陪我，可我为什么不能自己想办法呢？我可以做到的，也一定会让自己快乐的。"

这是桃乐丝后来和我说的，当然她也确实做到了。我妻子在年轻的时候就很喜欢莎士比亚，因此她通过杂志找到了一个莎士比亚俱乐部。于是，她成为俱乐部的会员，而且总是会定期参加他们举行的活动。这个俱乐部属于研究型的文学团体，经常会讨论一些非常有意义的话题。我的桃乐丝很喜欢这些话题，也愿意和他们一起回到四百多年前的世界。

有一次，桃乐丝对我说："戴尔，你知道吗？我现在每天都觉得很快乐，因为我可以在那个俱乐部里获得很多新鲜感。现在我每天都充满活力，因为我可以在做家务的时候背诵一下莎士比亚的诗。那真是太美妙了！现在，我好像真的已经不知道什么叫烦恼，什么叫忧愁了！"

我的桃乐丝倒是找到了乐趣，可我却足足过了一段独守空房的日子。不过，我也不是一个甘愿忍受"痛苦"的人。每当桃乐丝不在家的时候，我就会找很多有关亚伯拉罕·林肯的资料来读，因为我对这位美国总统的一生很感兴趣。这样一来，我每天也都可以让自己快乐而且活力无限了。

不光这样，我还会经常和桃乐丝进行讨论，话题主要是围绕着双方的偶像。当然，我们在讨论问题的时候也难免会争执，但因为有了快乐和活力的前提，所以气氛一直都是很愉快的。这样一来，我们不仅解决了自己郁闷的生活，而且还互相拓展了对方的眼界。其实，这要比那种两人拥有完全相同的兴趣好得多。

《快乐生活指南》这本书的作者克拉泽曾经在一次公开的演讲中说：“我们必须承认，不管做什么事情，当它失去新鲜感之后，那么就会变得毫无意思。如果我们能够在生活中找一些新的兴趣和爱好，那么就可以给我原本枯燥乏味的生活带来非常大的变化，也会让我们的工作和家庭关系永远保持新鲜感和乐趣。至于说这么做的好处，我想没必要多说。”

我的观点和克拉泽完全一样。如果女士们如今已经感到生活毫无兴趣可言，终日都觉得枯燥、无聊的话，那么女士们就赶快找一些感兴趣的事，并且尽力把它做好。这无非是想让女士们每天都保持快乐与活力，当然这也是一件有百利而无一害的事情。

爱自己，就不要让自己哭泣

人无法选择命运，但可以决定自己的思想。拥有快乐的思想，当然就会快乐；心生恐惧，就会感到恐惧。如果我们有安宁的思想和足够的勇气，那么无论在哪里，都能欣赏无限的风景。

英国著名的心理学家海菲德曾经做过一个实验测试心态对生理的影响。正常的情境下，测验者平均握力为101磅；当测验者被催眠，并暗示他们很虚弱时，测验者就只有29磅的握力——只达到正常握力的1/3；当暗示这几个人都非常强壮时，他们的平均握力可以达到142磅。由此可见，心态对我们的生理状况有着极大的影响，特别是正确心态的力量更是不可忽略。

有这样一个真实而又发人深省的故事：内战结束后不久，在一个清秋夜，韦博斯特太太——一位退休船长的太太——的家门被敲响了。开门那一刻，一个虚弱瘦小的女人映入韦博斯特太太的眼帘："她的体重绝不会超过100磅，整个人似乎仍然处于惊吓之中。"这个陌生女人解释说，她正在思考一个难题，这个难题日夜困扰着她，使她的内心混乱不堪。所以她急需要寻找人家歇息，以便能够解决这个难题。

韦博斯特太太答允了她的请求。但是从纽约来此地度假的韦博斯特太太的女婿，却坚决不容许这样一个“无赖”住在家里。所以这个无家可归的女人又一次流落街头。但是谁能想得到，这个骨瘦如柴的女人就是基督科学教派的创始人，一个拥有几百万追随者、在世界思想领域极具影响力的一位伟大女性——玛丽·艾迪。

她一生颠沛坎坷，历尽磨难。她的两任丈夫：一任丈夫去世了，另一个移情别恋，爱上了有夫之妇。由于病困交迫和心力交瘁，她自己唯一的孩子也不得不送给别人抚养，31年来音信全无。多年以来她将全部精力都倾注在“心灵治愈科学”的研究上。不过，在麻省的一个冬夜里发生的意外，使她的人生发生了重大转折。

她在结冰的道路上意外滑到，由于脊椎受到重创，医生告诉她今后可能要一直躺在病榻上生活。这几乎是宣判了玛丽的死刑。有一天她打开《圣经》，无意中看到了马太福音中的一段话：“于是，他们带来一位瘫痪的病人，来到耶稣跟前——耶稣对他说：‘孩子，健康降临吧！你的罪已赦免……站起来——带着你的床，回去吧！’于是那人奇迹般地起身回去了。”

后来回首当时的情况，玛丽这样解释，耶稣的话使她内心生发出一种巨大力量，就是这种神奇的力量使她“可以即刻下床走路”。玛丽说：“这次经历，使我找到治愈我的疾病和帮助他人重获新生的妙药，这种妙药就是人内心的力量。”之后玛丽创立了一种新宗教文化：基督科学。这种伟大的宗教信仰现如今已在全世界流行，帮助更多的人获得新生！

爱默生曾说："人是他自己思想的产物。"要想真正了解一个人就一定得了解他的思想。思想决定人本身，态度则可以改变命运。拥有快乐的思想，当然就会快乐！病态的思想的确会剥夺人的健康，甚至是生命。一门心思想的就是失败，就注定要失败。总是陷于自怨自艾中的人，不会得到任何人的怜悯。

如果我们有安宁的思想和足够的勇气，那么坐在自己的棺木上，人们也能欣赏无限的风景，在饥寒交迫时也会高声歌唱。拿破仑与海伦·凯勒就是两个对比鲜明的人物。集荣耀、富贵、权力于一身的拿破仑曾遗憾地表示："在我的一生中，根本没有六天快乐的日子。"然而盲、聋、哑的海伦·凯勒却说："人生是多么美妙啊！"年过五旬，我的人生领悟就是："除了自己，任何人都不能带给你心灵的安宁。"

我认识一位加州女士，她老了，还是位寡妇。这种晚景确实有些凄凉，所以她是光盯着自己的不幸，而没有发现比她不幸的女人多得多：她故去的丈夫遗留的保险金够她一辈子花，长大成人的子女也给她安排了一个家。虽然如此，你在她的脸上也看不到一丝笑意。她埋怨三位女婿自私挑剔，责怪她的女儿对她自己不好，自己却像守财奴一样分文不花。

是否愿意改变完全取决于她自己。只要愿意改变，她完全能让自己从一个凄凉的老怨妇转变为家中受尊敬的慈祥长辈。而改变，也只需要一个简单的动作就行了——微笑。多付出一点仁爱之心，就不会使自己陷于痛苦得囹圄中。

詹姆斯·兰艾伦所著《思想的力量》，其中有这样的一段文字："每个人的内心深处，都潜藏着一份神奇的力量，那就是个性自我……每一个人都是自己个性思想的产物，人只有自己的思想境界升华了，才能上进，才能克服一切杂念并完成一些伟大的事。如果你拒绝升华思想，那么，你只能停滞在悲惨的境地。”

假如心中充满积极乐观的想法，就能挽救个人的生命，女人又何必为一点鸡毛蒜皮的小事去费神劳心呢？假如心存欢乐就能创造快乐，女人又何必让自己和其他人难受呢？

潇洒走一回，只为今天活

生命是一场旅程，我们都只是路人。总有一些风景让人留恋，总有一些人深深刻在心上，总有一些伤口迟迟无法愈合。

但终会有一天，你会发现，那些深深铭刻在心上的片断，不过是时间长河里微不足道的一滴水，一朵浪花。所以，不要因为改变而抱怨，不要因为离别而伤感，不要因为悔恨而堕落，不要因为迷恋而裹足不前。

我的学员安跟我讲了她的姑姑莉丽的故事。安是被她的姑姑带大的，她们情同母女。可安说，她的记忆里有一段生活在孤儿院的日子，那时候她孤单落寞，不合群，也没有朋友。

“那年我8岁，已经记事了。”安说，“大我8岁的姑姑与我们生活在一起。她告诉我，嗜酒如命的爸爸早在好几年前便跟一个金黄色头发、非常漂亮的女人私奔了，可这丝毫不影响我妈妈对爸爸的这唯一的亲妹妹的疼爱。妈妈辛苦赚来的钱除了贴补家用之外，还要供姑姑上学。

“那时候，我妈妈很操劳，可她说只要我们能过上好日子，让她累一些也是值得的。可是那时候姑姑都已经到了谈恋爱的年纪了。有一次，她为了与男朋友约会而逃课，被老师告诉了妈妈。妈妈生气极了，冲我吼道：‘去！给我把你姑姑找回来！’我踉踉跄跄地往门外走，妈妈又一把拉住我，说：‘给我回来！路都走不稳往哪去！’

“姑姑那天晚上回来得很晚。妈妈黑着脸在饭桌上问她，怎么这么晚才回来。姑姑说在学校里把作业做完了才回来。妈妈知道姑姑撒谎，盛怒之下，便开始打姑姑。姑姑吓坏了，边哭边往外跑。妈妈便去追她。我便坐在屋里哭。妈妈刚追出去不多久，便听到外面尖利的刹车声！然后听到左邻右舍聚在门外越来越多。

“妈妈去世了，是她突然冲出门去被一辆车撞的。姑姑跟我说，那车就停在不远处，她看着司机抱起妈妈。等到了医院的时候，已经来不及了。亲爱的卡耐基先生，您可以想象，这件事情对我姑姑的伤害有多大！从此以后，她很恨她自己。于是她退了学，跟男朋友分了手，也离开了我家。而我也被邻居送到了孤儿院。

“几年后，当姑姑来孤儿院接我的时候，她剪掉了漂亮的长头发，人已经瘦得不成样子了。她把我搂进怀里，哭着对我说：‘姑姑对不起你。’从此以后，我们便生活在一起了，她每天辛勤工作，晚上回来教我温习功课。

“我们的生活渐渐好起来，姑姑渐渐会笑了。后来，她跟我讲起我在孤儿院那段日子。她自己一个人在外，没日没夜地泡吧，喝酒，想着把自己喝死算了。她觉得没办法面对我，她觉得是她夺走了我的妈妈。我问她，那你是怎么振作起来的。她说，有一次她醉倒在街头，被一位老奶奶救下。老奶奶听了她的故事以后，告诉她，即使她再怎么愧疚自责，犯过的错已然无法挽回了，可她如果任由这样自甘堕落下去，情况绝对不会变好的。况且，这世上还有一侄女等着她照看呢。如果她死去的嫂子知道，自己的妹妹与女儿过得人不像人，鬼不像鬼，让她如何瞑目？她这才痛定思痛，接回了我。”

听完这个故事，我感慨万千。人总是会犯错，甚至有些错真的无法挽回，如果我们任由这些错误在我们心里，将我们对生活的信念消磨殆尽，便也枉在这人世走了一遭。

当然，不是每个人都有安的姑姑那样让人心痛的经历，但大多数的人，尤其是女人，爱沉湎于过去：开心的、难过的、心痛的、无望的。忘记该忘记的伤痛吧，伤痛的往事不必再提；不要因为回忆太美好，便拒绝接受当下吧，如果那些美好成为你往前走的绊脚石；原谅那些曾经伤害过你的人吧，每个人都有自己的隐忍和苦衷；爱身边的每一个人吧，不要等到失去了才后悔当初没有好好珍惜。

总之，忘记该忘记的吧，只有清空了不愉快的过去，你才会拥有新的生活。已逝的，不可改变的，让它随风去吧；未来的，可以掌控的，不要让它成为另一个让人遗憾的曾经。

布斯·塔金顿说：“无论命运为我安排了什么，我都能够接受，但除了失明，这是我怎样也接受不了的。”但命运是无情的，这种不幸偏偏就降临在这个已经60多岁的老人身上。他低头看自己的地毯，看见的是一片黑暗，连花纹也看不清是什么样子的。他找到眼科专家，证实了这个不幸，视力确实在减退，有一只眼睛几乎已经瞎了，另外一只也在恶化。他最不能接受的事情还是发生了。

对于这个“怎样也接受不了”的不幸，布斯·塔金顿能做些什么呢？你是否以为，他会觉得：“好了，这一辈子就这样了，我就这样完了。”没有，不是的，就是连他自己也没有想到，他依然过得十分开心，甚至还能偶尔幽默一把。以前，眼前浮动的“黑斑”令他忧虑，可现在，即使最大的黑斑从他眼前晃过，他也只是说：“哈！老黑斑爷爷又来了。今天天气不错，它想去哪里呢？”

两只眼睛完全失明后，布斯·塔金顿说：“我发现自己完全能够忍受没有视力的情况，就像承受别的任何事情一样。所以，即使我的其他感觉器官也不能用了，我相信自己还是能好好继续我的思想。只要我的思想还能够‘看’，我还是一样能很好地生活。”为了恢复视力，他一年内接受了12次眼科手术。他并没有害怕，也没有自怨自艾，抱怨自己失去了那么多东西，而是告诉自己一切都会好起来的。同时，他还为病房里其他的人带去欢乐与鼓舞。

亲爱的女性朋友们，当你还在为昔日已经不可改变的岁月而发出无谓的感慨，或者为曾经那些找不回来的岁月而伤心时，你身边的一切已经在跟着时间往前跑了。珍惜现在吧，过好每一个现在。因为人生像一部电视连续剧，没有导演，没有台词，没有彩排，有的，只剩下你自己。如何过好每一天，完全在于你自己的把握。过去的已然过去，无法重新来过，而我们能把握的，只有现在。

让女人受益一生的幸福课：

- 爱你的仇人，善待恨你们的人。诅咒你的，要为他祝福；凌辱你的，要为他祷告。
- 要使自己开心，让别人快乐。施予他人恩惠，我们收获快乐。
- 拥有快乐的思想，当然就会快乐；感觉凄惨悲凉，就会凄惨悲凉；心生恐惧，就会感到恐惧。

第三课
挫折不可怕，勇敢面对迎来雨后阳光

环境本身并不能决定我们快乐或不快乐，我们的感受取决于我们对环境的反应。人说心静自然凉，心里开阔了，生活自然会开阔！

面对风雨，勇于做那朵铿锵玫瑰

人的一生，难免遭遇坎坷，有困境，不可能一帆风顺。“如果人是乐观的，一切都能抵抗得住，而且一切都会增强自身的抵抗能力。”对生活充满信心的女人，总能笑对这些不幸。用一颗乐观开朗的心去“看”这个世界，生活就会永远多彩，永远美丽。

小时候我和几个朋友一起玩耍，从阁楼上往下爬。戴在我左手食指上的戒指，在我跳下去的时候勾住了一颗铁钉，硬生生地把我的手指拉断了。我歇斯底里地尖叫着，以为自己必死无疑。当时那种恐惧感我到现在还记得。但是这么多年过去了，我猛然意识到自己早已经忘记了那根手指，我甚至根本不会想到我的左手只有三个手指和一个大拇指。

数年前，我在纽约市中心一家办公大楼碰到一个开运货电梯的人。我注意到他的左手被齐腕割断了，这似乎触动了我的某处神经。我直接问他是否会为缺了那只手而觉得难过。他说：“噢，不会，我根本就不会想到它。我没结婚，只有在穿针的时候才会想起此事。”

所以面对灾难，人的本能会促使自己去主动适应它，之后把它彻底遗忘，这多么令人吃惊啊！威廉·詹姆斯是我最喜欢的哲学家之一，他的话也许更有说服力："乐于承认事实如此，接受已经发生的事实，是克服随之而来的任何不幸的第一步。"

伊丽莎白·康黎居住在俄勒冈州波特南市，她是经过诸多困难才领悟到这一道理的。"庆祝我们陆军在北非获胜的那一天，一封国防部送来的电报几乎将我击垮。我的侄子——我最爱的人——在战场上失踪了。随后而来的一封电报里说他死了。

"我悲伤至极。在那之前，我始终觉得命运对自己是很眷顾的。我做着自己喜欢的工作，悉心抚养侄儿长大成人。在我看来，他具备了年轻人所拥有的一切美好的东西。我欣慰地觉得自己以前所有的努力付出现在都得到了应该得到的回报……

"这封电报真该死，它粉碎了我的整个世界，我再活下去已经毫无意义可言。我开始忽视工作、朋友。我开始抛弃一切，我对任何人、任何事都报以冷淡而又怨恨的态度。我想不明白，为什么我最亲爱的侄子会死？为什么这么好的孩子，还没有开始生活却死在了战场上？我无法接受这个事实。我悲伤过度，决定放弃工作。一个人远离家乡，整天把自己埋在泪水和痛苦之中。

"就在我清理桌子，准备辞职的时候，突然看到一封我早已忘了的信。这是我已故侄子的信。几年前我母亲去世的时候，他给我写了这封信。

"'当然，我们都会想念她，尤其是你。但是我知道你一定能挺过去。我永远都不会忘记你教给我的美好真理：不论在哪里，也不论我们离得多远，我永远都会记得你教我要微笑，要像一个男子汉，

勇于承受既成事实。’

“我把那封信读了一遍又一遍，觉得我侄子好像就在我身边，正在对我说话。他好像对我说：‘你为什么不照你教我的办法去做呢？你要挺住！不论发生什么事情，都要学会把你个人的悲伤掩藏在微笑之下，继续过下去。’

“侄子的信对我起了作用，于是，我又回去工作，不再对人冷淡无礼。我一再告诫自己：‘事情既已发生，我不能改变它，但是我能够像侄子所希望的那样去做。’之后，我将所有的思想和精力都投入到工作上；晚上，我又参加了成人教育班，寻找新兴趣、结识新朋友。就这样，我的性格发生了很大的变化。我不再为过去的事情悲伤。现在的我每天都很快乐——就像我的侄子希望我做的那样。”

叔本华就说：“顺应势事，是踏上人生旅途的最重要的一件事。”莫要忘记我们有令人惊讶的潜能，只要我们愿意利用，一切困难都可以迎刃而解。要知道，要相信我们自己比想象的更强大。

哥伦比亚大学已故院长霍基斯曾告诉我，他写了一首打油诗作为他的座右铭：

天下疾病多，数都数不清。有些可以救，有的难治愈。

如果有希望，就应把药寻。要是无法治，不如忘干净。

美国许多有名商人都有一个相同的优点：接受不可避免的事实，过着无忧无虑的生活。如果他们不能做到这一步，就必然会在巨大的压力之下彻底垮掉，就不会取得今天的成功。潘氏连锁商店的创始人潘尼跟我说：“即使现在我所有的钱都赔光了，我也不会忧虑；

因为忧虑并不能让我得到什么。我会尽可能把工作做好，至于结果，就要看老天爷了。”亨利·福特也说：“当我碰到无法处理的事情时，我就让它们自己去解决。”

我问克莱斯勒公司总经理凯勒先生是如何避免忧虑的，他说：“如果我碰到了棘手的问题，只要我能想出解决办法的，我就去做。否则，我就把它忘了。我从来不替未来担心，因为影响未来的因素太多了，没有人能知道未来会发生什么。所以，何必为它们担心呢？”他的这一观念正好与罗马哲学家爱比克泰德的理论相近。爱比克泰德说：“快乐的源泉就是不要为我们的意志力所不及的事情而忧虑。”

要想不让忧虑毁了你，你就要率先改变时常忧虑的习惯。所以请女人牢记这项法则：顺其自然，接受不可避免的事实。

积极乐观，巧妇擅烹眼前炊

人生路上，每个人都会遭遇低潮，谁都有消沉的时候。酸、甜、苦、辣、咸每种滋味你都可能品尝。所以，女人们，面对人生的喜怒哀乐，遭遇情绪和心理上的困扰，我们要从容面对。

我们都知道，贝多芬在耳朵失聪之后创作出了许多美妙动听的曲子，可见，缺憾并不一定都是坏的。在我写这一章内容的时候，我特意到芝加哥大学请教罗勃·梅南·罗吉斯校长：人们怎样才能够获得平静和快乐？他想了一下，认真地回答我说：“在这一点上，我一直试图遵照一个忠告去生活，那就是已故的西尔斯公司董事长裘利亚斯对我说的一句话，他说：‘如果你只有一个酸柠檬，那就去做杯柠檬水。’”

这位校长如此说，也正是如此去做的。可是一般人却不这样。例如：如果命运抛给他一个酸柠檬，他会毫不犹豫地扔掉，并且愤愤不平地说：“我真命苦！上天对我如此不公。”但是如果换一种态度，就会看到这个酸柠檬做成柠檬汁是最好不过的！

我曾拜访过一位住在佛罗里达州的农民，他独辟蹊径地将剧毒的柠檬做成了极其可口的柠檬汁。可是他在刚买下那片农场时，心情却很糟糕。因为农场贫瘠的土地上只有一些矮灌木与响尾蛇，既不适宜种植果树，也不适合做养殖业。面对这样的处境，他并没有自怨自艾，而是下定决心全力扭转局面。有一天他灵感突现，为什么不利用这遍地的响尾蛇呢？于是，在大家的阻挠与白眼中，他开始生产响尾蛇肉罐头。几年之后，当我再去拜访他时，他那里发生了翻天覆地的变化。他的农场将响尾蛇的毒液抽出后送往实验室提取血清，高价出售蛇皮生产女式皮鞋与皮包，罐装蛇肉销往世界各地。现在平均每年有两万名游客到他的响尾蛇农庄参观。

已故的作家威廉·波利多曾写道："人生中最重要的事并不是恣意挥霍，这任何人都可以做到。真正重要的是如何扭转亏空的局面，从中获利，这需要智慧，而且显示出人的智力优劣。"

有一位丧失双腿的人叫本·佛森，也具备从失败中获益的能力。一个偶然的机会，我在乔治亚州的一家旅馆电梯中遇到他。他坐在电梯角落里的轮椅上，我注意到虽然他的下半身没有了，但是他的心情一直很愉悦。当电梯到达他要去的楼层时，他友善而客气地请我让开一下，以便他能把轮椅顺利地移动出去。"对不起！"他说，"劳驾你行个方便!"脸上的笑容和蔼可亲。

我被他乐观温和的品格打动。于是我主动上门拜访，恳请他一定要给我讲讲他的故事。他的脸上始终流露着微笑，语气很平静。他说不幸的事情发生在1929年。"当时我才24岁。有一次，我到山上去砍伐木头，把木材堆上车，然后开车回家。但是在我急转弯时，一根木棍滑下来卡在了车轴内。我立即抛出车外，伤到了脊椎骨，于是双腿就此瘫痪，而且再也没站起来过。”

24岁年纪轻轻的小伙子，正是在人生的道路上大显身手的时候，居然就要在轮椅上度过一辈子！我问他如何能够勇敢地面对这个残酷的事实，他说：“我不能！”他说当时自己极度怨恨上帝对他的不公平，命运竟然跟他开了一个如此天大的玩笑。但随着年龄的逐渐增长，他感觉反抗和怨恨没能给自己带来任何好处，自己整个人反倒变得尖酸刻薄。“到最后我终于认识到，”他说，“别人和善礼貌地待我，我也应该和善礼貌地回应对方。我的伤残不是我无理取闹的理由。”

从此，他的生活观念发生了巨大的转变，这么多年过后，那次事件对他来说不再是个不幸。他说：“不！我现在反而很感谢这件事的发生。”他开始读书并对文学产生了兴趣。14年来，他至少读了1400本书，这些书不仅开拓了他的视野，还丰富了他的人生，这比他以前所能想象的任何生活都要精彩。以前一听到音乐声他就犯困，现在交响乐令他感动不已。然而最重大的转变，还是他开始认真思考。“有生以来第一次，”他说，“真正用心观察世界，体会人生的价值。”

大量的阅读使他逐渐对政治产生了兴趣，他开始将研究的重点转移到公众问题上，坐在轮椅上面对公众演讲！他开始主动结识大家，而人们也开始与他相识。他就坐在轮椅上就任了乔治亚州州秘书长一职。

还有一位名叫瑟玛·汤姆森的女士，向我述说了她亲身经历的一个故事：“战争期间，我丈夫驻扎在摩亚沙漠的陆军基地。我们夫妻二人聚少离多，为了能经常相聚，我决定到他附近居住生活，可是那个鬼地方实在是糟糕透顶。长这么大，我几乎没见过比那更凄凉、环境更恶劣的地方。当大家外出参加军事演习时，我便孤零零待在那个小房子里。天气酷热难耐，即使是仙人掌树荫下的温度也要高达华氏12.5度。狂风对那里来说简直就是家常便饭，所有吃的食物、呼吸的空气中都充满了沙尘！

“那时我觉得自己是天下最倒霉的人，我写信给父母，告诉他们我承受不住了，准备放弃，我一秒钟也不想待下去了。父亲的回信只有短短的三行字，却从此改变我的一生：两个犯人在监狱由铁窗向外望，一人看到泥泞满地，一人看到星辰满天。

“这几句话我看了又看，心里很惭愧。我决定要彻底改变自己，要发掘出目前处境的益处，要搜出灿烂的满天星辰。

“我开始主动与土著居民交朋友，他们的回应使我非常感动。当我很有兴趣地欣赏他们的编织与陶艺时，他们会把表示友谊的心爱珍品送给我。这些东西可是观光客出钱买他们都不卖的。另外，我还研究品种不同的仙人掌及本地奇花异草，还试着跟土拨鼠一起驻足欣赏沙漠的落日美景，抽空还会去寻找300万年前的贝壳化石……

“为何我的转变如此惊人呢？沙漠环境并没有变，变的是我的心。因为心态的转变，我在这儿的生活变得如此精彩。这番新开辟的天地令我既激动又兴奋。我决定写一本书讲讲我从故步自封的牢房中看出去，发现了美丽星辰的故事。”

长期研究那些成功人士，随着研究的增多和深入，我越来越坚信不疑：他们的成功主要归因于失败激发了他们的潜能。这些众多优秀杰出的人物具有“不仅忍人所不能忍，并且热爱逆境”的品格，这是他们获得成功的直接原因。

确实如此，如果弥尔顿不失明，可能写不出精彩的《失乐园》等诗篇；贝多芬如果不是耳聋，也不一定能激发他创作出动人的音乐作品；海伦·凯勒的伟大创作也完全是受到失聪失明的激发；柴可夫斯基的婚姻如果没有悲惨凄凉到几乎想要自杀的程度，大概也创作不出不朽的《悲怆交响曲》……

佛斯狄克在其著作中提道：“有一句北欧古语——冰冷的北极风造就了坚毅的维京人。人们过着舒适的日子，无须克服任何困难，难道你会相信这是快乐？恰好相反，自怜的人即使靠在舒服的沙发上，也不会停止自怨自艾。反倒是那些身处恶劣环境的人常能感到快乐。因为对个人的责任他们从不推诿，从不逃避。再强调一遍——冰冷的北极风造成坚毅的维京人。”

在巴黎的一次音乐会上，世界著名的小提琴家欧尔·布尔正在演奏。忽然，小提琴的A弦断了，他从容而镇定地用剩余的三条弦演奏完毕。所以女人们请记住：人生正如此，一条弦断了，那就用剩余的三条弦继续演奏吧！

小女人遇事慌张，大女人敢作敢当

幸福需要享受，但有时也需要承受，承受幸福就是要珍视幸福而不是一味地沉淀其中，如同面对一坛陈年老酒，一饮而尽往往会烂醉如泥不省人事，只有细品慢咂，才会品出真正的香醇甜美。

我的小女儿唐娜·戴尔刚刚学会走路。有一次，不知道什么原因，她特别想要爬到冰箱上去，于是她就搬了一把小椅子步履蹒跚地向厨房走去。当我急急忙忙跑过去想要扶住她时已经来不及了——她已经跌倒在地上了。

我把女儿抱起来，她却狠狠地朝那把椅子踢了一脚，口中责怪道：“你这个破椅子，都怪你！”生活中这样的事情司空见惯，小孩子任性也是情有可原。有时明明是他们自己犯的错误，却往往迁怒于那些没有生命的东西或是无辜的旁观者，甚至还会认为这种行为是很正常的。

但是，如果我们学小孩子的这种做法，把这种行为带入成年，就会给我们自己带来无尽麻烦。从古至今，将自己的失败和过错推到别人身上的例子也是不少的，就连亚当也曾说："由于这个女人的诱惑，我才吃了禁果的。"

成熟的第一步，是要勇于承担责任。既然都已经脱离了将自己的跌倒迁怒于椅子的孩童阶段，我们应该直面人生，自己对自己负责。不过，这样做的确比较困难，而怪罪我们的家长、老板、师长、环境、丈夫、妻子、子女则容易得多。而且如果有必要的话，我们还可以怪罪祖先、政府；再或者我们还可以有一个最好的借口，那就是责怪幸运之神的不公平。

不成熟的人总是找各种理由将他们自己置身事外。例如：他们的童年很悲惨；他们的父母太贫穷或太富有；他们的父母对他们的管教过于严厉或过于放纵；他们缺少教育；他们身体虚弱，饱受疾病的折磨……可是这些理由最后又欺骗了谁呢？只会欺骗、搪塞人们自己。

我记得，曾有一个女学员在一次记忆训练课程之后跑过来问我："我这个人记忆力特别差，我觉得无论再怎么努力，也不会记住课上练习的那些东西。看来想提高我的记忆力是不可能的了。"当我问她原因时，她说："我这是遗传的毛病，我们整个家族的记忆力都不好。所以，我不相信自己在这方面能有什么明显的改变。"

"可是，小姐，"我说，"这根本就不是遗传的问题，而是由惰性造成的。在你的潜意识里，责怪你的父母当然要比努力设法提高自己的记忆力来得容易。来，我现在就向你证明这一点。"

仅仅几分钟，我就帮这位小姐进行了几个简单的记忆训练，由于她非常专一，效果很不错。后来，我又花了一些时间说服她，使她消除了原有的固执认识。我很高兴她终于认同可以通过训练来改善自己的记忆力，不再一味地去找各种借口来为自己开脱了。经过一段时间的训练，她消除了以前的观念，觉得自己可以通过训练来提高记忆力。对此我很高兴，因为她已经学会了积极改进自己的记忆力，而不再为自己寻找任何借口了。

如果只是因为糟糕的记忆力而遭到子女的责怪，那么这样的父母还算是幸运的。更有甚者，把类似脱发的小事以及日常生活中遭遇的各种挫折都责怪到父母头上。有一个女孩子，她常常向别人抱怨自己的母亲如何对自己的人生造成了不好的影响。原来这个女孩自幼丧父，守寡的母亲为了维持生活和女儿的教育支出，只得外出工作。由于她母亲能力不凡，加上工作又勤恳努力，所以很快就成为一位女实业家。

有了这样一位了不起的母亲，她备受疼爱与呵护，并能接受到良好的教育。可最终结果是，女儿并不领情。这是为什么呢？原来她自始至终感受到的都是一种巨大的压力。你猜这种压力来自哪里？竟然是来自她母亲的成功！这个女孩子说："我从青年时期就生活在母亲的阴影里，因为我感觉到自己跟母亲之间存在着一种'竞争'。"女儿把母亲的成功看成了是对自己更高的要求，因此一直生活在一种巨大的、无形的压力之下。

对此，她的母亲也很困惑。这位母亲说："我实在搞不明白这个孩子。多年来，我辛辛苦苦地工作，为她创造了比我当初好得多的条件，却没想到给她造成了如此严重的心理阴影，这实在是出乎我的意料！"

如果我是这个女孩的母亲，我真想打这女孩30大板，因为她身在福中不知福，还一味用母亲的成功来为自己的平庸开脱。

乔治·华盛顿同样有着良好的出身，最终成为美国第一任总统，他也从未抱怨过自己的父母曾给自己造成了什么压力和心结。再看另一个例子：亚伯拉罕·林肯虽然出身贫寒，却能超越这种极其不利的环境。林肯的一生，也从未想过要去责怪他人。

所以女人们，要想成为一个成熟有魅力的人，就要勇敢地承担起责任来。

自信是女人永恒的魅力源

爱默生说："自信是成功的第一秘诀。"我想说自信是女人获得幸福的必备条件。人的一生，难免经历风霜雨雪，难免遇到崎岖坎坷，在这种时刻，我们首先必须战胜自己，以一颗勇敢的心，去迎接挑战。因为只有自信的女人，脸上才会绽开坚定的笑容；只有自信的女人，才会散发优雅的力量。相信自己行，是一种信念。只要心中的信念没有萎缩，你的人生旅途就不会中断。

我认识一个人，他来自密苏里州，名叫里奥纳德·崔吉亚。他最大的特点就是能够秉持信念，矢志不渝。1928年，父亲留给崔吉亚价值足有10万美元的财产。但是仅仅10年之后，他便分文皆无，陷入了破产的境地。

其实这一过程并不复杂，崔吉亚先生给我来信中这样写道："我父亲十分富有，所以我花起钱来就大手大脚。虽然我还是个学生，但只要我想花钱，父亲的一张支票就可以满足我的任何要求。特别是我上了大学之后，花钱更是随心所欲。所以即使大学毕业了，对于金钱，我还是没有任何概念，它们在我脑海中只是一串串数字而已。那时我最大的特长就是知道如何开支票。

“当我父亲去世时，对于自己独立生活我完全没有头绪。幸好父亲给我留下了一片肥沃的土地，我就开始在密苏里河下游靠近密苏里州里辛顿的地方经营农业。经济大萧条的第一年，我的账户就出现了赤字。万般无奈之下，我不得不用一块土地做抵押还债。但经济萧条仍在持续，丝毫不见有任何好转的迹象，而我的经济状况已经到了山穷水尽的地步。没有别的任何办法，我只剩下唯一的能耐——继续卖地，用来还无法再继续拖欠的贷款。我就这样束手无策地生活着，继续抵押或是出卖土地是我需要用钱时的救命稻草。

“结果就是我破产了。当这一天终于来临时，我才猛然意识到自己不再拥有任何财产了。生活仍在继续，嘴和肚子的需要根本就无法拒绝，所以赚钱过日子成为我迫在眉睫的事情。然而，这个时候我才发现，自己竟然什么都不会做，因为我这一辈子根本没有做过什么事情。刚发现这一点时，我急得彻夜难眠——我已经彻彻底底地陷入了孤立无援的境地：曾经作为支柱的支票已经没有了，求助也找不到人了。但一天晚上，我终于想明白了，那就是我必须面对活生生残酷的现实。‘好日子一去不复返了，我的朋友，’我对自己说，‘作为一个成年人，你应该表现得像一个成年人。成熟起来，去找一份工作吧！’

“我对于自己的处境做了现实而缜密的分析。我一直相信这句话——‘只要你愿意努力，在美国，机会总是均等的。’但是，对于这句话我从来都只止于书面上的理解，没有通过实践亲自去验证过。

虽然经济萧条不见任何好转，失业率始终居高不下，工作机会少之又少，但是我有自身的优势和生存之道：我身体健康，是大学毕业，又接受过职业培训，而且我的失败和错误给了我宝贵的经验教训。现在，我需要做的就是立即开始行动，坚决避免将时间浪费在抱怨和悔恨上。

“这一番思考下来，我的眼前豁然开朗，我仿佛看清楚了自己未来要走的道路。天上没有掉馅饼的好事，无论做什么事情都不可能一帆风顺，唾手可得，我必须做好克服一切困难的准备。当时要找一份工作是极为艰难的事情。一旦可怕的颓丧情绪前来袭扰时，我就暗暗为自己打气：对于每一个有信念的人来说，生活即使再艰难都无所畏惧。美国是一个任何有信念、有决心的人都可以找到自己位置的国家。就这样我强迫自己必须消除怀疑和恐惧。

“做到这一点很难，但是贵在坚持。最后我在堪萨斯城的联合财务公司找到了工作，并在那里愉快地工作了四年，很顺利地度过了自己经济和人生上的危机。之后在经过理智分析后，我毅然决然地辞职又回到农业方面来。这一次，情况慢慢地向好的方向发展。我慢慢地建立起自己的信誉，也大大地拓展了自己的业务。经过几年的不懈努力和奋斗，我终于取得了非同凡响的成功。回首我所经历的一切，其实这些成就都受益于我的失败，是失败给了我宝贵的财富，使我做好了准备，让我东山再起，不断地迈向成功。

“我急于赎回父亲留给我而又被我失掉的那片土地。这原本看来是那样遥不可及的事情，现在我竟然可以轻而易举地做到了。更为难能可贵的是，我获得了可以将之传给我的子孙后代的伟大真理——我们必须拥有信念，但是如果我们有信念却不采取行动的话，这信念就跟没有一样。这一真理的价值不是金钱所能衡量的。”

崔吉亚先生的故事，正是一个人不断走向成熟的例证。在此过程中，崔吉亚先生从一个被娇生惯养而无所事事的孩子，成长为一个抱有坚定信念，并将信念付诸实践的成功男人。在经历了人生的巨大挫折时，崔吉亚先生曾像孩子一样逃避现实，但最终信念却使他像一个真正的男人那样，敢于面对和挑战现实，并且在信念的指引下取得了人生的成功。

《如何度过一年365天》这本书的作者约翰·辛德勒博士曾说过：“成熟需要通过学习才能达到，而且往往要经历痛苦方能见效。”关于上述真理，在这个世界上每一天都有人在用自己的实践去不断证明它的伟大和颠扑不破。家住加拿大的丽莲·海德莱恩夫人就是其中一个。

海德莱恩夫人是一个开朗乐观的家庭主妇。有一天，海德莱恩夫人开车外出时，出意外翻进了深沟中。她的脊椎最初被误诊为已经摔断，但是在X光照片上却看不出她的脊椎折断的实际情况，不过能看清骨刺脱离了外面的附着物。所以医生提出的治疗措施是：海德莱恩夫人至少需要卧床休息三个星期，并告诉她说：“夫人，你要做好充分的心理准备，你的脊椎已经严重硬化，也许在五年之后，你就不能动弹了。”

当时的情形，海德莱恩夫人现在回忆起来仍然历历在目：“当时，我被吓得目瞪口呆，这简直太可怕了！虽然我一直都自认为是活泼开朗的人，一切困难在我面前都无所畏惧，但是这个突如其来的打击实在是太残酷了。我的直觉告诉我，这个困难对于我来说简直就是一座无法逾越的大山，勇气和斗志也随着我卧床的时间从三个星期向无限期延长而消失殆尽了。我的内心越来越害怕，意志软弱得像一团棉花。

“有一天早上，在神智十分清醒的情况下，我对自己说：‘五年时间其实也很长，我还可以做许许多多的事情呢。如果积极配合医生的治疗，再加上我永不言弃的决心，我的病情一定能够有所改善。我不想做一个逃兵，不想未发射一颗子弹就缴械投降，我要竭尽一切努力，勇敢地去战斗，像一个真正的斗士那样，一直向前。’

“这种信念和决心给我的身心注入了强大无比的力量。我要马上行动。软弱和恐惧已经被彻底打败！从我挣扎着爬下床那一刻起，一切都重新开始了，我的新生活又一次拉开了帷幕。

“我不断地用这个词来激励自己：‘继续！继续！继续！’

“大约在五年半以前，我重新照了X光，发现即使再过五年，我的脊椎也不会有什么问题。这大大出乎医生的意料，随后医生建议我要积极乐观，对生活充满兴趣，勇敢地活下去，而我也正是把这种念头坚持下来，才有了今天。我发誓：只要身上有一块肌肉还能活动，我就要继续生活下去，决不退缩。”

拥有信念，坚持信念，海德莱恩夫人的故事，又是一个对我们具有启发性的实例。所以女人们，面对挫折、面对困难不要慌，亦不要乱，只要坚实地走好每一步该走的路就行了！

浪花，是因为不断地冲击岩石，才会更见其美丽。人生，如果像波澜不惊的湖水一样，将永远不会有壮观的色彩。所以，我们不要害怕挫折与磨难，因为在困难的背后，一定会有通往成功的阶梯。

不要怕，女人你大胆往前走

再长的路，一步一步总能走完；再短的路，不去迈开双脚也将永远无法到达。没有行动，一切梦想与计划都不过是镜中花、水中月。只有行动，并坚持不懈，才能达到自己的目的。女人们，为了幸福，行动起来吧！

卡斯特罗在1946年退役后回到了加拿大尼亚加拉瀑布边上的小镇上的家中，很快他就在安大略水力发电公司找到了一份机械工的工作。仅仅18个月，老板就提升卡斯特罗为本公司重型柴油机械部的工头，这个任命让他颇感意外。

卡斯特罗先生后来回忆这件事时说：“我当时非常担心自己能否还像从前一样快乐。我原来当机械工的时候感到很快乐，如果今后因为成了一个可怜的工头，快乐从此就跟自己远离，那么，这简直太可怕了。不在其位，不谋其政，工头的责任大如山。一想到这些，我开始忧虑了，心里一阵阵纠结。

“终于，我一直担心的可怕事件发生了！我当时正走向一个砂石场，可是现场却安静得让人感到很不正常。那里正常应该有4台牵引机、4台巨型挖掘机在工作。经过快速检查我发现，原来这4台牵引机全坏了。”

“我忐忑不安地向上司报告完现实情况。但他只不过微微一笑，淡淡地说了一句话：‘修好它们吧！’——就是这句话，却给我留下了刻骨铭心的记忆。我想假如我能活到1000岁的话，也绝不会忘记一个字。担心、恐惧和忧虑在这一瞬间烟消云散！我开始放下心来，小心翼翼地修理那几台机器。‘修好它们’这句神奇的话真是具有神奇的力量，从此之后，我的生活和处理工作的方法彻底改变了。

“也正是从那一刻起，我开始从心底里感激那位上司。我在工作中投注了更大的热情，并且决定无论今后出现什么差错，我都要亲自动手去解决它，而且决不逃避。”

卡斯特罗之所以在瞬间变得成熟了，正是得益于那位上司超越常规的提拔和赏识，而他本人也是一个善于思考的人，在日常工作中体悟到人生的真谛。许多人由于害怕承担做决定和执行决定的责任，所以他们逃避因为出现差错而受到责怪的恐惧，明哲保身地放弃了获得成功的机会。然而，对于必须要付诸实施的事情如果一味采取拖延做法的话，只会在做事者的内心之中引起更大的冲突和迷乱。这种心理必须要克服，在工作生活中强迫自己去做自己害怕而不敢做的事，才能不断磨炼自己的意志品质。

任何一个人在必要的时候，都必须要拥有行动的能力。要想走向成熟，做决定和执行决定是极为重要一个环节。当然，我们在采取正确的行动之前，还要学会从不同的角度分析和研究问题。

印第安纳州波利斯市的西奥图·泰德·斯坦坎普先生，应该算是果敢而坚决的行动派。泰德·斯坦坎普只有12岁的时候，老是受邻家一个孩子欺负。为了安全起见，他决定从今以后不再迈出家门一步。不过几天之后，为了奖励泰德帮父亲割草，父亲特意给了泰德一些零钱，让他去看电影、买冰淇淋吃。但是因为他怕遇见那个邻居的孩子，所以，即使心里是那么地渴望去看电影，他还是悄悄地把钱放回了口袋。

泰德·斯坦坎普说："我父亲以为我病了，问我怎么了，我含糊其辞地应付着他问我的一些问题。第二天傍晚，我像个小偷似的偷偷摸摸地到巷子里去玩弹球。真是冤家路窄，我一直担心的敌人正向我猛冲过来——此时的我被吓得呆若木鸡，浑身的血液都快要凝固住了。那个敌人对我来说简直就像《圣经》中被大卫王杀死的巨人菲利斯丁那样令人恐惧。我本能地立刻调过头来，像逃命似的快速跑回我家的车库，却撞见了父亲。他双眼死死地盯着我，追问我究竟是怎么一回事。万般无奈之下，我向他撒谎说我们正在玩捉迷藏的游戏。正在这时，外面传来一个轻蔑而恶狠狠的声音：'滚出来，胆小鬼，再不滚出来，我就要冲进去了！'

"我父亲手中突然多了一条半米长的厚厚的汽车皮带。他心平气和地对我说，外面那个大块头的家伙没什么了不起，如果我不想等着挨他的皮带抽打的话，就赶紧出去应战。父亲还说他敬仰失败者，但是瞧不起缩头乌龟和胆小鬼。我眼睁睁地看着那条皮带，它要是打在我屁股上，那种彻骨的疼痛绝对比我打架时曾经挨过的拳头要厉害得多。

"同时父亲的一番话也点燃了我的斗志。我以极快的速度冲出车库，像炮弹一样扑向那个狂妄自大的家伙。我的表现完全出乎他的意料之外，在承受了我一连串恶狠狠的拳头之后，他便落荒而逃了。

“直到现在，每当想起这件事，我仍然会体味到那种胜利者的喜悦。那不仅仅是拳头的胜利。接下来的几天成了我童年时代最快乐的记忆。勇气带给我的报酬是一种享受——我重新获得了自尊。而且我也由此得出了一条有用的结论：那就是永远都不能逃避现实，而要勇敢地面对它。这是一条汽车皮带和一位睿智的父亲让我明白的真理。”

天有不测风云，人有旦夕祸福，没有谁能预料到何时会出现紧急情况。做出决定进而勇敢地采取行动的能力，是应付任何紧急情况的必备要素之一。对于大多数在大部分时间里都循规蹈矩生活的人们来说，更应该做好时刻行动的准备，并养成权衡利弊、选择最佳方案付诸实施的习性。我们的人生就掌握在我们自己的手中，只有果敢而坚决地行动，才能掌握我们自己的生活。

艾尔·拜瑟普亲身经历过这样一件事：有一次，拜瑟普夫妇开车带着3岁的小女儿去祖母家过圣诞节。在路上暴风雪不期而至。积雪既封闭了前进的道路，也阻断了退路，高速公路上挤满的汽车都陷入了进退两难的境地。

拜瑟普先生回忆着：“漆黑的夜晚如约而至，天气冷得让人瑟瑟发抖。雪花被风不断地吹落到我们的汽车顶上，越积越厚。我的妻子和女儿紧紧地搂抱在一起相互取暖，瑟缩着的身体和冻得铁青色的脸，让我看起来心疼不已。我们在焦躁不安中煎熬了整整一个小时。如果不能果断决定，马上行动的话，我们肯定会有危险。

“猛然间，我想起我们在来的路上曾经路过一家农舍，如果我们现在立即回到那里，我们就会得救。不再犹豫了，想好了就马上去做，于是我紧紧抱着小女儿，应着刺骨的寒风步履蹒跚地行走在雪地里。那一段路是我迄今为止我走过的最艰难的行程，但也是最伟大的跋涉。当时雪已经下到齐腰深了，我们每走一步都非常吃力，但每一步都带来生命的曙光，我们最终还是取得了胜利！

“一间不算宽敞的农舍，就像一叶小舟在暴风雪中劈波斩浪，承载着33个遭受同样命运的人。在陷入困境后，这些都是果断地采取行动的人，否则我们必将在冰冷的雪堆中悲惨地死去。”

的确，当我们遇到某些突发紧急事件时，除了冷静思考和分析之外，还需要果敢而坚决的行动。当我们需要付诸行动的时候，决不能犹豫不定，决不能浪费时间为自己寻找借口，而是要振作起来投入行动！

行动就像火种，一旦点燃，便会燃烧出熊熊大火。只要我们去行动，就会有一扇门为我们开启；如果我们不付诸行动，那么属于我们的那扇门就永远是关着的。

再坚强一点点，别半途而废

很多女人在遭遇变故时，总是不停地抱怨："为什么是我？""难道我做错了什么吗？上天为什么要这样对我？"诸如此类的问题，即使问了，也不会有人回答你。因为谁的人生也不可能一帆风顺，因为每个人都有自己的烦恼要面对。

达蕾恩·凯根作为美国有限电视新闻网的主持人，已经在业内拥有了十分了不起的地位。可是，在她进入这个领域之前，她也经历了不少的挫折。

16岁那年，她下定决心，自己以后要从事的工作，最好每天拥有不同的内容，每天都要拥有惊喜。开始，她想做一名医生，但一堂化学课打消了她做医生的念头；后来，她又想做一名主持人，并且，这个念头在她的心里扎下根来，并成为她追逐梦想最强有力的支撑。在当地一家电视台工作了长达5年之后，她终于鼓起勇气，向台里申请做主持人。可是，她的老板拒绝了她。更糟糕的是，老板只愿意让那些金发碧眼的漂亮女人做主持。

“仅仅出于养眼考虑，”老板淡淡地说，“有些人天生丽质，有些人不是。很显然，你属于后者。”这很伤人心。但是，达蕾恩绝对不愿意自己的梦想就这么轻易地被人扼杀在摇篮里。她巧妙地避开老板对她相貌的成见，转而找到一条适合自己的路：尝试创办了一档新节目，名字叫《周末体育赛事》。直觉告诉她，这个节目将极具市场潜力。因为大多数女性尚未开始涉足体育的禁区。她以“无偿服务一年”为条件，说服老板，让她做这一档节目的主持人。

再后来，美国有线电视新闻网进行招聘，达蕾恩以丰富的工作经验、深厚的社会阅历以及执著追求的精神，成为不二人选。在新的岗位上兢兢业业地工作了3年后，她终于如愿以偿，成了重量级媒体的主持人。

其实，许多女性都遇到过类似的问题。可是，达蕾恩却没有像大多数女人一样，被一些伤害人的话所打倒，也没有因为一些困难而退却。很多时候，明智的选择并不是放弃追寻梦想的脚步，哪怕结果不容乐观，失败显而易见。不要让别人定义你的人生，不要让失败挡住你的去路，不要让挫折毁了你对梦想的追求，当你坚持选择别人不能坚持的路时，当你吃过了别人不能吃过的苦时，你会庆幸当初自己的坚持与选择的。

同样的故事，发生在我的一位学员身上。她一直有个梦想，做一位电视编导。但是她有先天性听力障碍，必须得戴着助听器才能听到别人讲话。为了自己的梦想，她在上学的时候，便付出了比别人多得多的努力，成绩门门优异，闲暇时间除了泡图书馆便是看比较好的电视节目。可是，每次在找工作应聘哪怕是编导助理或者电视台打杂的工作，都会因为听力障碍而遭到拒绝。甚至，有一位面试官当着她的面告诉她："你要是能成为电视编导，我目前的职位不要，给你当助理！"

她听到这句话后面色发白，回来之后大哭一场，并且把自己关在屋子里三天不出门，也不吃不喝。善解人意的妈妈十分愧疚，她在给了女儿生命的时候，没有办法给她一个健全的身体，甚至这个先天性的残疾，会让女儿与她心爱的事业永远失之交臂。

妈妈哭了，这反而让我这位学员不好意思了。她安慰妈妈说："妈妈，你别伤心，我不会这么轻易放弃的。我有自信，我的专业知识储备已经很扎实了，我唯一的障碍是听力，但只要戴着助听器，我还是可以听到声音的。"

于是，她参加了无数次的面试。屡试未果后，终于，她得到了一次机会。面试官被她的诚意与坚韧感动了，给她出了一道题，让她在有限的时间内策划一档节目，包括选题、采访对象、问题设置。极好的专业知识储备与素养，让她在极短的时间内，交上了一份让大家赞不绝口的答卷，最终被录取。后来，经过不懈的努力，她如愿从助理的位置，做到了编导的位置。

所以，在面对挫折时，只要你坚持走下去，就会发现，在成功与失败之间，其实就是一念之间。跨过那一念，你便前进了，而跨不过，也许你此生就只能以一个失败者的姿态，打发庸庸碌碌的余生了。

当然，很多情况下，人的放弃并不全都是因为挫折，还有诱惑。在人生的这趟旅途上，因为前路太过艰险，充满未知，所以，纵然有很多人因为受不了苦而放弃前行，但也有很多人因为留恋路旁的风景而放弃前行，只因自己没有抵御住诱惑。

在朱娣成为一名正式的法理学顾问以后，每天晚上都去政法学校。在那儿，她和一群律师一同探讨一些专业问题。不久，他们提供给她一个职位，让她做一名律师助理。她优雅地一口回绝，心想："为什么我要这么做？我在做我热爱的事业，我有更多的钱、更多的自由。"

一年后，法律公司的某个股东来找她，对她说："好吧，如果你不愿意做助理，我们邀请你做我们的合伙人之一。"这个诱惑可不小！突然之间，她发现，坚守激情的那份意志变得薄如蝉翼。她喜欢和这样一群律师们一块讨论工作，而且合伙人的身份意味着前程似锦。但是，当虚荣心不再作祟，初始的那份狂喜慢慢冷却之后，她还是婉言谢绝了这份邀请。对于未来，仅与法律打交道，仅仅是一时的激情，不是她的梦想所在。即使这份工作条件再优厚，前程再好，又与她有什么关系呢？

最后，梦想之路在她的坚持下，终于走上了可喜的正轨。她所获得的收益比当年那份合伙人的薪金不知道要高上多少倍。而且，她是自由的，经济独立，无拘无束，重要的是，她正在做着自己曾经梦寐以求的事情。

这种坚持并非易事。许许多多的人，很容易会接受一份马马虎虎的职业，没有激情没有挑战唯有整天在里面混日子，领着微薄的薪水。因为按照自己曾经的梦想行事，天知道会取得什么呢？也许会有一个漫长的等待期，也许，在拼搏的路上摔得头破血流，却终也换不回一顿饱腹的食物。所以，大家很难坚持在自己选择的路一直走下去。

琳是我太太的晚辈兼好朋友，她最近常常向我太太吐苦水，因为自己出生在优裕的家庭环境中，所以，家里人也希望将她嫁到一个门当户对的家庭中，这样也不至于受苦。但是，琳偏偏爱上了一个一无所有的穷小子。家里刚开始不同意，最后，也几乎被两个年轻人的坚定打动，就在快要妥协的时候，琳的妈妈找琳谈了一次话，说："这是我最后一次就这个问题找你谈话，如果这次谈话结束之后，你仍然决定要嫁给那小子，那么，我们也不会阻拦你，前提是，今后，你过得好不好，都不要抱怨我们。"

之前的家里人苦苦相逼都没有让琳放弃，这几句话，却让琳的心理防线崩溃了。是啊，嫁给这个人，如果未来过得太辛苦，自己该怎么办呢？于是，在最后，她放弃了她爱的男孩，嫁给了一位家世相当的男人。

可近来，尤其是有一次在大街上遇到曾经那个恋人牵着一位年轻漂亮的女孩，在街上幸福地走的时候，她的心碎了。本来，那份幸福应该是属于她的，而现在，她却在家里过着一天比一天枯燥的生活，完全没有任何乐趣可言。

当初她明明都坚持到最后一步了，却因为自己的怯懦而放弃真爱，的确是很可惜的。

所以，亲爱的女性朋友们，人生没有后悔药可吃，没有机会可以重来。所以，在做每一件事情的时候，记得，像钻石一般的硬，别被挫折与困难打败；又要像水一样柔软，抵挡任何事物的入侵。只是认准了的事情，便不要轻易放弃。只有这样，当你老了的时候，才不会因为没有实现梦想而遗憾，更不会因为自己的大意错过了自己拥有的最珍重的东西，也不会因为没有经得住一时的诱惑而舍弃了最爱的东西。

让女人受益一生的幸福课：

▶顺应势事，是踏上人生旅途的最重要的一件事。

▶乐于承认事实如此，接受已经发生的事实，是克服随之而来的任何不幸的第一步。

▶仅仅拥有空洞抽象的信念还不足以使人走向成熟，信念还需要勇敢的行动做最有力的支撑。

第四课 在婚姻这座围城里，爱是最好的精神食粮

女人们，完全不用担忧自己会成为“被丈夫遗落在身后的人”。没有人能够预知将来的情形，但是聪明的人会做好准备，等待机会来临。

多动动嘴说爱，少跑跑腿受罪

爱绝对是世界上最好的精神食粮，它每时每刻都创造着奇迹。缺乏爱情的成功根本就没有什么意义，没有爱情的功名利禄等同于毫无用处的垃圾。爱情，不单是靠面包就能存活，有时也需要一块洒了糖的蛋糕。

爱希尔·H.白特先生是纽约市少年家庭董事会秘书、社会工作研究专家，在一次市社会工作讨论会上，他曾经发表过这样的言论：“孩子缺少家庭的关爱是少年犯罪的主要原因之一。因为孩子们觉得谁都不爱他，所以他们也就不爱任何人。”

在俄克拉荷马州的爱尔雷诺市有一个联邦少年感化院，这里的孩子们最需要的并不是面包和牛奶，而是他人的关怀。我在这里曾经给孩子们讲授人际关系的课程。

一个孩子的母亲是从来都不给他写信的，可是这个孩子在学了课程后却给自己的母亲写了一封信。他在信中介绍了自己的一些近况，重点强调了他正在学习的一些课程，并且他的一些坏的毛病已经改变了。很快，他的母亲回信了，在回信中她并不认为自己的孩子可能变好，而且还很冷酷地说他只适合在监狱里待着。汤米，一个十九岁的男孩，在孤儿院和感化院至少住了十年以上，面对他人的追问，他袒露出自己的心声，他说他最渴望的就是得到他人的爱，可是他认为直至今日都没有一个人爱过自己。他说他在十六岁以前，从来没有人关心过他，连圣诞节礼物都没有收到过。

所以爱绝对是世界上最好的精神食粮。只有在爱的滋润下，一个人才能更好地获得生存和成长所需的养料；如果没有爱，一个人的内心世界就会荒芜成为沙漠，即使有阳光雨露的眷顾，也会寸草不生。这些孩子们之所以走上犯罪的道路，极大程度上是因为他们经常是在缺乏爱的关怀下成长，他们的精神世界里经常缺少爱这种精神食粮，因而常常处于饥饿状态。但是他们强烈地渴望得到爱，所以，他们试图不择手段地找到他们所缺失的东西。

爱的潜力在人类的生活中可与原子能媲美。如果你爱你的丈夫是发自内心的话，你就能心甘情愿地去做每一件事，目的简单且伟大：为了他的成功或是让他幸福。所以，你的丈夫是否能够成功的决定因素之一，便是你对丈夫的爱到达什么程度。

说起来你也许会怀疑，夫妻之间的恩爱程度对儿女幸福也有着很大的影响。美国家庭关系协会的会长——保罗·珀派罗博士在全国教师家长联谊会上说：“如果我们能在这里完全不谈孩子的事情，而是讨论用什么样的方法能使夫妻之间更恩爱，也许会让孩子更幸福。”

为了家庭和孩子的幸福，在夫妻之间建立起挚厚的爱情已经刻不容缓。下面的建议都是金玉良言，只要我们照着去做，加深彼此的爱情就不再是一件难事。

第一，爱，没有时间和地点的限制，共同努力让爱无时无处不在。

吉姆是我的老朋友，他的遗孀曾经写过一封信给我。她在信中叙述了过去的许多事情，最后她竟然悲伤地说：“我竟然从来都没有跟吉姆说过我爱他，我很需要他。”人生最可悲的事莫过于失去之后才懂得珍惜。如今，吉姆已经远离我们而去，阴阳两隔，逝去的那些日子再也不会回来了。而吉姆的遗孀所要表达的爱意也只能遗憾地埋藏在心里面，吉姆永远都听不到了。

在婚姻生活中这样的例子比比皆是。路易斯·M.特尔曼博士研究过一千五百多对已婚夫妇。他发现，许多男性认为，妻子不懂得如何表达爱情是仅次于唠叨的第二个造成婚姻不和谐的因素。

大多数女性都理直气壮地认为自己应当得到丈夫的爱护，做丈夫的就应该承担起时常对自己说些甜言蜜语的义务。通常来说，那些抱怨丈夫不重视自己，不懂得欣赏自己的女性，只知道一味地苛求丈夫，而从来没有给自己提出过什么要求。威廉·珀林其尔博士描述过这种神经质、喜欢挑剔和批评别人的女性。他说：“有些人实在是太自私了，她们不想对别人表达一丁点儿的爱意。”换而言之，只有体贴、爱别人的女人才能在丈夫的眼中永葆魅力。

德罗西·狄克思是专门研究婚姻关系的专家，他说：“很多丈夫都认为妻子的存在是理所当然的，从不注意她们身上穿了什么，也不赞美她们，也不会向她们表示任何的爱意。所以，很多妻子为此埋怨自己的丈夫。但是，这些妻子也是如此对待她的丈夫的。当然，她们对为什么男人会喜欢那些总是称赞他们潇洒倜傥的女人这一现象也是不能理解的。”

曾经有人这样比喻过夫妻之间的爱情：爱情的冷淡就像“精神食粮不够”一样。丈夫不是只吃面包就能存活的，有时，他还需要一块撒了糖的蛋糕。

第二，莫要事无巨细地一律追求完美。

一个负责的妻子总是犯完美主义的错误，这句话千真万确。无论是教育孩子、一日三餐，还是家居卫生，没有一样她不是做得井井有条。可是就因为她太注重细节，却忽略了身边许多重要的大事。

乔治·吉恩·那森说：“当我看到一个纤尘不染的家时，我总会觉得，而且很快就发现，夫妇间的爱情已经像他们机械化的家一样，快要冻成冰了。从某种意义上来讲，温暖的爱情和伴随爱而来的幸福就像一个凌乱的家给人的感觉一样。从经验中，我遗憾地发现，爱情永远不能和完美的家庭环境并存。这真是太遗憾了，一个深深地挚爱丈夫的女性无论如何也成不了一个完美的家庭主妇。”

那森先生这种说法有趣而且夸张，作为经历过婚姻生活的我完全可以猜到，他应该还是单身，所以对于夫妻二人相处的艺术还是知之甚浅。但是，他的话并不是一无是处，其中还是有着某种真实性的，应该引起我们认真深切地思考：婚姻家庭生活中，那些追求完美的主妇，应该既要注视着某棵树木，也要关注着整片森林。

无论多么不好的事情，女人都应该保持良好的心态去接受。因为很多时候，事情并非如我们想象的那么严重。

第三，胸怀宽广，在慷慨给予的同时，像包容自己一样去宽恕他人。

每一个女孩都渴望与深爱的人一同步入教堂。深爱丈夫的妻子，在大事上做出牺牲时，往往眉头都不会皱一下，可总是在小地方不能做到宽容。比如，丈夫在无意中提到他碰见了过去的女友，做妻子的就像打翻了醋瓶子似的，一直追问那个女人是不是还像以前一样，是不是比自己漂亮……果真如上述所做，那你就太不大度了！做妻子的应该反其道而行之，不仅不频频发难，反而要赞美她的好处。

第四，丈夫每天都会为你做许多不起眼的事情，妻子不要对丈夫做的小事视而不见。

丈夫带妻子去看戏，送了一束玫瑰花给妻子，每天早晨倒垃圾……对于这一切，如果妻子认为丈夫理所应当那么做，那么，这个丈夫久而久之就不会做这些事来取悦妻子了。华威克·C.安哥思曾说："我可爱的妻子让我觉得自己比任何男人都幸福。如果时光倒退到三十二年前，就算我不知道现在的事情，只要她愿意与我共度一生，我仍然心甘情愿地娶她为妻。我之所以能有今天的成功，是因为她在我的身边，这是我能给她的最大的赞赏。"众多幸福的丈夫们都想说这些话。由此可见，一个付出努力的妻子是一定会得到丈夫的爱戴的。

妻子对丈夫深切的爱会让他感到宁静而幸福，这就更加促使他不断地迈向成功的道路，从而让妻子生活得更加幸福。缺乏爱情的成功根本就没有什么意义，没有爱情的功名利禄等同于毫无用处的垃圾。

女人们，想要幸福快乐地生活，就要学会为你的蛋糕撒点糖。

婚姻是个局，步步请小心

女人如何与男人相处，没有固定的公式可供套用。想象的世界总是很美好，男人和女人成为相濡以沫的朋友，在携手并进的人生道路上，友谊和爱情天长地久。然而，婚姻是现实的，风花雪月的恋爱，不是真实的生活。现实婚姻的爱情要从柴米油盐中去感受。

一个刚刚步入婚姻殿堂的女人可能对婚姻充满了无限的幻想，可是一旦面对婚后的现实考验时，就会感到不知所措。你本能的反应是：到底是谁发生了巨大的改变？其实谁都没有改变，只是因为彼此对于爱的理解发生了现实性的改变。

其实，每个人在年轻时都曾真真实实地恋爱过。经过恋爱的洗礼之后，柴米油盐酱醋茶的困扰便促使你不得不面对真真切切的现实生活。理想和现实的巨大差距摆在面前，你也许会认为现在的婚姻根本就是个严重的错误。请千万不要这么认为，因为这只是理想与现实之间的落差让人产生的误会！

使者保罗在写给科林斯人的一封信中说：“爱情会永远成功。”

意思是说，只要你想拥有成熟的爱情，你就能获得成功的婚姻。这是以教训、挑剔或者哀求的办法都不可能做到的。

对于年轻男女来说，性具有极大的诱惑力。但是，真正的爱情不仅仅是这些。真正的爱情需要你热爱生活、热爱朋友、自爱等多种方式表达出来的能力。谁也不要奢望得到全部的爱。有些家庭不擅长表达感情，在这样家庭中长大的男性虽然很有自制力，但是他们只能接受含蓄的爱情表达方式。如果他的妻子生活环境刚好相反，那么，她一定会对丈夫的表达方式心有怨言。

爱情不是简单的两情相悦，也不是同情，表达爱的方式必须双方都能接受才能称之为爱情。爱情是无私的付出，而不是无止境的索取。妻子爱自己的丈夫，就需要你体贴、容忍、包容他，宽恕他的失败。在得到爱情的各种方式中，生硬和哀求都失去恰到好处的分寸，得不到爱情也是情理之中的事情。

我们不可能拥有“完美的婚姻”，我们能做到的只能是尽量使婚姻美满。世界上不可能存在十全十美的人，所以完美的婚姻也只能成为一种奢求。年轻人对婚姻的想法往往不切实际，理想的婚姻更需要夫妻双方共同的努力。

婚姻家庭中，“乏味的工作、孩子的尿布和贷款”会将你折磨得筋疲力尽。婚后，你的丈夫开始显露出恋爱时你没有发现的毛病和缺点，你们双方都与对方所想象的大相径庭。分歧、矛盾、吵架、生气接踵而来。这时你才明白婚姻关系是最棘手、最复杂的，它需要你有足够的耐心和技巧，它需要你全心全意去经营。

用鼓励取代强迫：温柔和鼓励可以取得胜利，指责和强迫则注定会失败。

一般情况下，女性对安慰的渴望程度远远超过男性。但对于男人来讲，他不会将注意力集中到每天的食物和妻子的着装上，所以也就很少赞赏别人。妻子最聪明的做法就是表扬丈夫具有的那些你所期望的品质。

用温情迎接丈夫：只有更成熟、更懂得宽怀的一方才能打破这种僵局。

婚姻生活中出现矛盾，决不仅仅是任何一方的错误。如果双方都只想着自己，从来不为对方着想，那么日子实在没办法继续过下去，所以只有更成熟、更懂得爱情且理解人的一方才能打破这种僵局。作为妻子应该多给丈夫一点赞赏，温柔地对他，但不要期望你的努力马上会得到回报。

任何时候莫要自以为是，自以为是的人只会提出不合情理的要求。

许多在优越的环境中长大的男女都会自以为是，他们总认为自己是最强的。这种优越感是与生俱来的。希望自己比别人特殊，并不是只有少数几个人。一个自以为是的人往往只会顾及自己的感受；一旦愿望无法满足，就大发雷霆。如果你发现自己果真如此，那么从现在开始你就要戒掉这种恶习；因为它只会让人都疏远你！

爱情需要耐心和友善，只有成熟的爱情才能持久。

在婚前就知道丈夫喜欢喝酒的一位女士这样说道："酗酒只不过是个小毛病而已，要想改掉易如反掌。更何况他从不喝多，为了爱我，他一定会克制自己的。"丈夫酗酒，迷恋高尔夫球，一心看电视，不记得你们的结婚纪念日……但是要记住，家庭、孩子这些比缺点和小毛病更重要。通常情况下，具有耐心和友善的成熟爱情才能解决这些问题，只有成熟的爱情才能持久。

这里需要强调一点：有耐心并不表示你无权表达自己的观点。婚姻也没有赋予你丈夫控制你的权利。换句话说，耐心地对待他人并不会使我们丧失自己选择的权利。

上得厅堂，下得厨房，终得幸福

凡是经常对丈夫说“你无论如何也不会成功”，或者“你一无是处”的妻子，不用太长时间，你的梦想马上就成真了。聪明的女人知道：男人需要鼓励，而不是责骂和贬低。

查士德特·菲尔德爵士写道：“每一个男人实际上都具有两面性——真正的自己和理想中的自己。”只有优秀的女人才独具慧眼，将这两种形象合二为一。

成功是所有正常男人毕生追求的目标。妻子有义务协助丈夫成为他理想中的那个人。做到这点既难也易。你莫要挑剔，也不要横向对比，更不要逼着他做更多的工作。你的方式应该以鼓励、赞赏、给他加油打气为主。

男人受到妻子的赞美“你真是太棒了”，“你是我的骄傲”，“做你的妻子真好”，听到这种话的时候，我坚信没有哪个男人不会高兴地跳起来。如果你还在怀疑，就去问问那些成功的男人，他们都可以证明这种说法的真实可靠。

派克斯货运和装备公司的老板派克斯先生，曾在给我的信中写道：“我确实相信，如果一个男人所追求的成为他理想中的人，和他太太所期望的人相一致的话，那么这个男人取得成功的概率就大大增加。经营这些年来，我用人有一个标准，就是在我和他们的太太谈过话以前，我决不会轻易重用她的丈夫。通过了解妻子的人生观，特别是她对先生的支持程度，就可以知道她的丈夫能成多大事。”以下就是他的感慨：

“我太太在嫁给我以前，家庭条件非常好——父母很有钱，她本人接受过良好的教育，有一个幸福快乐的家。而我则恰恰相反，除了独闯天下的欲望以外一无所有，在娶她做太太之后，我增加了一项财富——她对我的信心与信任。

“我们婚后着实过了几年艰难的日子，独闯天下难免要面对失败与挫折的考验，但我从她的理解和激励中，获得了继续前进的动力。我生命中所有的成功全都是我太太鼓励支持的结果。过去几年里，她身体不好，但她仍然是我的支柱。”

不幸的是，有些女人与派克斯太太大相径庭，她们对丈夫的期望超过了他本身的能力范围。她们把自己那抽象的想象强加给丈夫。这种女人并不是为丈夫着想，而是为了满足自己的物质需求：渴望富有、开新车子、穿更昂贵的衣服、加入独特的俱乐部。如此一来，丈夫就成了妻子满足欲望的工具了。

使男人进步，并非要不断施加压力，而是以激励和鼓舞为主。

如果要给他嘉勉和赞赏，莫要空言无物，要找到他真正的闪光点。“你真没用！”这句话对男人的伤害是很大的，特别是出自妻子之口。所以，妻子永远不可以对你的丈夫说这样的话。

玛格丽特·卡金·芭宁在写给《四海杂志》的一篇文章里如此劝告我们："对于丈夫工作上的失败，这是他老板的职责而不需要劳烦妻子。但是在家里，妻子要坚信他一定能够成功。相反，妻子向丈夫说'你无论如何也不会成功'，那她的丈夫是一定不会成功的……"作为妻子，你千万不要对这句话产生丝毫的怀疑。一个女人说出来的话如果经过明智的思考，就可以使一个男人变得更好，甚至使他对生命产生全新的看法。

汤姆·琼斯顿，一个二战之后退伍的年轻人，因为战争，他的一条腿落下轻微残疾，但他仍然能够享受他最喜欢的游泳。

出院以后没多长时间，他便和太太去汉景顿海滩度假。他在做了简单的冲浪运动以后，便躺在沙滩上享受日光浴。没一会儿工夫，他便注意到许多人都在看他。这条满是伤痕的腿，他从前并没有在意过，但是现在他知道这条腿成了焦点。

到了下一个星期天，汤姆拒绝了太太再到海滩去度假的提议。他没有任何理由，只是说去海滩不如待在家里。他太太直言不讳地说："我知道你不想去海边的原因，汤姆，你开始对你腿上的疤痕产生自卑感了。"

琼斯顿先生说："我点头承认她说得对。接着我太太对我说：'汤姆，你腿上的那些伤疤正是你勇敢无畏的标志，那不是你的耻辱，而是你一生的光荣。重新勇敢无畏地让它们接受阳光的照耀吧！而且要牢记你得到它们的过程，你一定要骄傲地带着它们走完一生。走，让我们现在就出发。'"汤姆·琼斯顿在深深的感动中跟上了太太的步伐。太太的话语就像一阵风，已经将他心中乌云一般的影子吹得无影无踪。

可见，太太的鼓励在某些时候是多么的重要，它可以让一个男人重拾自尊。

波士顿商会的销售代表俱乐部，主办了一个有关推销术的课程。在这个课程的最后一个晚上，所有销售代表的太太们都被邀请前来参加。这些太太们欣赏了一个特别的节目，这个节目主题是：去鼓励你们的丈夫，使他们变得更有智慧，而且能得到更好的销售成果。

销售顾问大卫·盖·鲍尔博士，是《过个新生活》一书的作者。鲍尔博士在演讲中勉励每一位太太，在每天早晨先生出外工作的时候，希望她们用积极的话语使他充满信心而且心情愉快。

鲍尔博士说："让他觉得自己已经成为他理想中的那个人。夸奖他的外表潇洒，称赞他的风度。最主要的是告诉他，你相信他能够征服顾客——你能做到，最后，他也一定能做到！"

你可以尝试一下鲍尔博士这种方法，有百利而无一害。与我们将要获得的东西——更快乐和更热心的丈夫相比，我们付出这些小努力是非常值得的。

身为杰出桥牌手的艾礼·卡柏森的例子再一次印证了这一点。在一次访问中，卡柏森说："我在1922年刚到美国的时候，做什么都失败。那时我甚至贬低自己是个最差劲的桥牌手。从我娶了一位名叫约瑟芬·狄伦的迷人的桥牌老师做太太以后，一切都改变了。她鼓励我，使我坚信自己是一个很有潜力的桥牌天才，所以到最后我才有现在的成功。"

妻子使男人发挥出最大能力的有效方法——真诚的赞美和激励。女士们，竭尽全力吧！只要你给予真诚的赞美，相信你的丈夫一定会变得更优秀、更成功，你也会变得更幸福。

野蛮女友要得，野蛮妻子要不得

“柔情”是女人征服男人最具杀伤力的武器，哪个男人不喜欢柔情似水的女人？柔情的女人，像舒卷的云，像皎洁的月，更像荡漾的水。泼辣蛮横的女人会把男人吓跑，柔情的女人却能将男人永远留在身边。

殷勤有礼对于婚姻而言，就像机油对于发动机一样至关重要。大多数人在工作交往中会讲礼貌，但在家庭生活里却认为这样做大可不必。在这里，我希望做妻子的你们对待丈夫，就像对待陌生人那样有礼。相信我，这样做，你的婚姻家庭生活一定不会太差。

众多的女人都持有这样一种观点：谨慎地挑选伴侣是女人的第二次投胎。由此可见，挑选一个男人作为自己的丈夫几乎决定了女人下半生的命运。要想婚姻幸福，就要精挑细选一个好丈夫，除此之外，婚后的殷勤有礼也是同样重要。一个女人如果泼辣蛮横，任何男人都会被吓跑。礼貌是一种内在的品质，它可以弥补服饰和外表存在的不足，使那些比你优越的人也不敢不把你放在眼里。

詹姆斯·布莱恩是美国最伟大的演说家之一，他的女儿嫁给瓦特·丹鲁什做妻子。

多年以前，他们在苏格兰的安德鲁——我的家中相识，恋爱结婚之后，丹鲁什夫妇就一直过着非常幸福的生活。这其中的秘诀成为人们不断探求的目标。“除了谨慎地挑选伴侣之外，”丹鲁什夫人说，“我认为婚后的殷勤有礼是最重要的。希望那些年轻的妻子对待她们的丈夫，就像对待陌生人那样有礼。”

泼辣蛮横是腐蚀爱情的毒瘤。我想每个人都会承认自己对待陌生人能够做到殷勤有礼。对于正在讲话的陌生人，我们绝对不会随意打断他的谈话，说：“我说老兄啊，你怎么又扯出那些陈芝麻烂谷子的事来了。”在没有得到朋友允许的情况下，对于他们的信件等隐私，我们绝对不会妄加干涉。而我们对待自己家里的人则不然。也正是因为他们是自己最亲近的人，很多时候我们才会无所顾忌。但这种过分亲近则是许多不幸的根源。

这里需要再次引用迪克丝的话：“令人吃惊却又千真万确的一件事就是，唯一对我们说出那些刻薄难听、带有侮辱性的话的人，正是我们自己家中的人。”

《早餐桌上的独裁者》这本书出版后深受广大读者喜爱。但是，作者奥利弗·温德尔·霍尔姆斯在自己家里的表现却与书中所描述的截然相反。在家庭生活里，他对待家人体贴入微，他总是尽量掩藏自己郁闷的心情，绝不让家人受到自己不良情绪的影响。自己一个人独自忍受这些痛苦，又使其他人不受影响，他所承受的压力也就可想而知了。

霍尔姆斯是这样做的，但是其他人是否像他一样呢？在外面所经历的不顺心的事情，很多时候都无法直接跟别人发泄或者表达。所以在他的脚步还没有迈到家门口的时候，就满腹牢骚地想着如何向家人撒气。关于这点我们应该向荷兰人学习，像他们进屋之前要先把鞋子脱在门外一样，我们也要把一天工作的烦恼甩在门外。

俄国伟大的小说家屠格涅夫说："如果什么地方有个女人关心我是否回家吃晚饭，我情愿放弃我所有的天才和所有的作品。"这才是简单的幸福！

所以，在婚姻家庭生活中，用礼貌而温和的态度商量、解决问题！像看陌生人一样每天用全新的眼光看到对方的改变和努力，不要吝啬自己的赞美！

女人不夸赞，男人不喜欢

俗话说，女人对男人要“二十而慕，三十而助，四十而敬，五十而赏”。女人的崇拜给男人以力量和勇气。没有任何一个男人，能够抵挡得住老婆赞美的话语。女人们，要知道，幸福美好的生活，是从称赞开始的。

托马斯·哈代是英国著名诗人、小说家。他早期和中期的创作以小说为主，继承和发扬了维多利亚时代的文学传统；晚年以其出色的诗歌开拓了英国20世纪的文学。很多人都说哈代是个温柔的作者，一草一木皆含感情。他曾在他的著作中描述过，在新西兰某个不为人知的地方有一个普通墓地，里面有一块年代已久的墓碑，看起来并不起眼，上面刻着一位女士的名字和一句话：“她是如此的温柔。”

我不清楚所有来到此地的人看了这句话以后会有什么样的感想。我无法揣测他人的想法，但是对我来说，这句碑文足令我落泪。我实在是不敢想象丈夫当时是怎样心碎地与妻子永诀。当这个悲痛欲绝的丈夫把这句话刻在妻子的墓碑上时，他的心里一定充满着无尽的幸福回忆：每天下班回家，妻子总是做好了可口的饭菜，在笑容满面地等着他回家；一个俗套的小笑话也能逗她开心，家里充满了温暖和爱意……

我曾经听到某个专家说过：作为妻子，如果能把让丈夫觉得幸福快乐当做自己的职责，那么在丈夫取得事业上的成功时，她也相应地取得了成功。“军功章有你的一半，也有我的一半”，每一个取得成功的丈夫背后必定有一个坚强有力、温柔可爱的妻子。

妻子出于对丈夫的一片深情而愿意学习获得丈夫欢心的方法，是实现幸福婚姻的前提。其实，向秘书学习是太太们睿智且正确的选择。每个出色的女秘书都能够熟练掌握老板喜欢什么，也知道老板讨厌什么，还知道在什么样的环境下，他能更有效率地完成工作。总之，她们知道怎样做才能让老板高兴。为此，她们不惜改变自己的一些个人爱好，让老板对她的工作更加满意。聪明的妻子不会把女秘书当敌人，而是会和她们成为闺密。

罗斯福总统每次出去演讲时，都会把自己的儿女带在身边，因为这样可以缓解自己在紧张行程中的压力。我在为此做的一次采访中，罗斯福夫人这样告诉我：“当丈夫出去演讲时，我每隔两个星期会安排孩子们轮流陪他。身为总统的丈夫十分满意我的这种安排。在旅途之中，总会发生许多有趣的事，我们的旅途总是充满笑声。所以，他也能轻松自如地处理那些繁重的工作。”

除此之外，艾森豪威尔总统的夫人也说过：“用点滴的小事给丈夫带来幸福是一个妻子最主要的工作。”其实，这些小事在婚姻生活中又怎么可能真的是小事呢？有人说过：“若想培养出最好的风度，必须先要做出小的牺牲。”这些小事是婚姻幸福至关重要的因素。如果一个妻子宁愿放弃一些个人嗜好，也要服务于丈夫和家庭的幸福的话，那么她所得到的回报将远远超过她所付出的一切牺牲。

曾做过古巴外交官的约瑟劳尔·卡巴布兰加先生，是世界闻名的国际象棋冠军。和很多已经取得成功的男性一样，他时常也会固执地坚持一己之见。卡巴布兰加先生离开人世之后，他的遗孀奥嘉·卡巴布兰加夫人在回忆往事时，无限怀念地说：“为了丈夫，我愿意放弃自己的嗜好，所以，我们的婚姻十分美满。拥有浪漫的爱情，而且彼此尊重着对方。”奥嘉·卡巴布兰加夫人能想方设法地让丈夫开心快乐，所以很多时候，为了让妻子能够高兴起来，卡巴布兰加先生也不再固执地坚持自己的看法。

当卡巴布兰加先生内心的烦躁通过坐立不安表现出来时，她就会静静地等待着，给丈夫一个独立的空间。因为她知道此时此刻的喋喋不休只能使他更加恼怒；因为丈夫喜欢留在家里，她也就心甘情愿地放弃了自己喜欢参加社交舞会的爱好；不只如此，像衣服或者书籍等等丈夫所不喜欢的一切，她都能够从自身加以改变。就像她对我说的那样，这么做是为了“欣赏和领会他的意图，从而跟上他的思想”。

以卡巴布兰加先生的性格，赠送礼物这类矫揉造作的事他是不屑去做的。然而，妻子对自己的所作所为，他都是看在眼里记在心上的。为了表达自己对妻子的爱意，有一年的情人节，他挑选了一盒十分精致的巧克力。当他颇不自然地送给她时，他像一个犯了错误的小学生一样红着脸。奥嘉·卡巴布兰加夫人高兴得无以言表，她深切地知道这是丈夫一种真挚地表达爱意和谢意的方式。那么理智的丈夫竟然会为了妻子做这样的事情，这着实让她感动得不得了。自此以后，卡巴布兰加先生给太太送礼物成了家常便饭。为了看到太太打开盒子时一脸幸福的样子，他不惜重金请一名职员帮他干了两小时活，其实无非就是将一小瓶香水用一连串大小不同的盒子包装起来。他不亦乐乎且乐此不疲地忙着诸如此类的事情，内心充满快乐。

卡巴布兰加太太的例子证明：一个乐于奉献的妻子只要想方设法地让丈夫幸福，那么，丈夫就会加倍地给她幸福。对男人而言，他们所需要的无非是舒适的生活，并能做自己想做的事。只要能达到这一点，他们就会感到快乐和幸福。如此看来，其实丈夫们的要求也很简单。但说起来容易，做起来也不一定轻而易举，这就要求妻子有一颗为了爱丈夫爱家庭而无私奉献的心，主动改变自己以适合丈夫的喜好，与丈夫的消遣和娱乐方式保持一致。

归根结底，无论怎么做我们都应该明白：丈夫的快乐幸福是他有可能取得事业上成功的前提，这也是在丈夫的事业发展过程中太太所能做的最大的贡献。让我们期盼那最美好的事情，四五十年以后，他将深情地说：“她是如此的温柔。”

用美食拴住胃，用安乐窝抓住心

家庭是男性的栖息地，所以应该让他暂时摆脱工作上的麻烦，充分地享受家庭所带来的快乐。丈夫最需要的就是舒适，只有在家里，丈夫才能放松心情。女人们，给他一个舒适的家，他将给你一个幸福的家。

丈夫在外面辛辛苦苦忙碌了一整天，当他拖着疲惫的身体回到家中时，身为妻子的你是否曾经认真地考虑过这样的问题：他希望家里的环境是怎样的？什么样的家庭环境才能让他恢复精神，第二天早晨自信满满地去上班呢？这些问题，如果你不仅想得周全，而且还能将之放到极为重要的地位，那么你的婚姻家庭一定会幸福无比，你丈夫的事业也一定会不断地向成功的方向发展。

克利福特·R.亚当斯博士在《妇女家庭》杂志上成功地开设了一个《如何让婚姻幸福美满》的专栏。她说：“妻子在家庭中的表现对丈夫和孩子的意义重大。虽然丈夫和孩子也有他们自己的责任，但是妻子所创造出来的家庭氛围和表现出来的态度是最关键的。”

男人们在疯狂地从事着自己热爱的工作时，总会有压力。家庭是消除他这些紧张情绪的避风港湾。在这座静谧和谐的港湾中得到充分的休息调整后，他们的内心情感和身体机能才会得到适当的放松。当第二天清晨的阳光重新洒满大地时，他们就会重新点燃热情，再一次信心百倍地投入到繁忙的工作之中，就像一只刚上了发条的钟表不知疲倦地奔跑着。

哈里莱特·克莱格是戏剧《克莱格的妻子》中的女主人公，她就没有发现自己在这些方面做得着实不怎么样。哈里莱特·克莱格要求家里要绝对的一尘不染，错放坐垫更是她坚决不允许的事情。因为担心朋友们的来访会搞乱家里的东西，所以她的家始终是“门前冷落鞍马稀”。而在她的眼里丈夫就是一个彻彻底底的破坏狂，因而她那正常、豪爽的丈夫被她搞得几乎崩溃。人们十分喜欢乔治·凯里所写的这部戏剧，最后，这部戏剧获得了当年的“普利策奖”。

在美国基督教家庭生活二十届年会上，美国基督教大学精神科教授罗伯特·P.奥汀桦特博士作了一次演讲。他认为，太太们对于家里要绝对干净的愿望是“美国文化中最大的压迫”。

一个优秀的妻子，在看见丈夫把自己好不容易收拾得一尘不染的客厅弄得乱七八糟之后，不仅能够压制住拿一把钝器狠狠拍他的冲动，而且还能够露出一副甜甜的笑脸，再亲自动手重新把家里收拾干净。做妻子的千万要记住：即使大发一通脾气，屋子还是要打扫的。千万不要做了家务，最后还得到一个恶名！

路易斯·C.派克是我们的家庭医生，在他的诊所里一些候诊的男病人都十分羡慕地观察着他的陈设：覆盖着皮革的纯木桌子、宽敞舒适的沙发、巨大的铜制灯、笔直下垂的窗帘。这个办公室的布置之所以强烈地吸引住如此之多的眼球，就是因为这里给人一种如同在家的感觉。

瓦特·琳在纽约市买下了一间超现代的公寓。他至今仍然单身，是新泽西州石油公司的地理学家。由于工作上的便利条件，他常去世界上最偏远的角落买回各地的特色纪念品，用来精心装饰自己的家居：爪哇的手工织染布、刚果的木雕、东方的象牙工艺品等等。他的公寓既宽敞舒适，又独具个性。很少有女性能像他一样如此布置房子，我想这也许是许多有能力结婚的单身汉们总是不肯结婚的原因之一吧！

在布置家居的时候，很多妻子往往都是从自己的主观审美出发，很少考虑丈夫对于舒适的要求，更有甚者根本就没把丈夫的感觉考虑在内。由是观之，很多时候你丈夫总是把你辛苦布置好的家弄得一团糟，我想他应该并非有意为之，极有可能是你布置的方式有点问题。给他多买几个大烟灰缸吧！给他买个牢固的、塑料的脚垫，把你心爱的脚凳摆在客厅吧！如此一来，许多问题也就迎刃而解了。

一个男人上班饿肚子，下班之后仍然腹中饥饿；水池里堆放着乱七八糟的脏盘子；浴室里到处都是脏东西；卧室也乱成一团。当男人们面对这种混乱的家中景况时，如果他不夺门而出，跑去球场、酒吧甚至妓院，那么他一定是个呆头鹅。对大部分男性来说，干净整齐的茅草屋还是乱七八糟的漂亮屋子，这不过是一道单项选择题，他们一定会毫不犹豫地选择前者。

以上所说的是长期不整理的状况，如果当你偶尔有急事无法收拾屋子时，丈夫都是能体谅你的难处的。前提是不能总是这样。而且一个通情达理的丈夫在你忙不过来时，他肯定会伸一把手帮你，也会愉快地在清扫屋子的时候吃剩菜。

保罗·珀派罗博士是洛杉矶家庭关系协会的会长。他说："在现代社会生活中，人们到处都面临着竞争。工作根本不像野餐那样轻松愉快。从下班的那一刻开始，他就开始渴望拥有安宁、舒适、受人关心的生活。家庭是男性的栖息地，所以家应该能让他暂时摆脱工作上的麻烦，充分地享受着家庭所带来的快乐。

"公司里的人只会想方设法地找出他的错误，但是，家里却有一位天使能发现他的美好所在。太太能抚慰他的精神，让他心情愉快，使他在第二天早晨神采奕奕地去上班。这种能够在家里营造出这种气氛的妻子完全尽到了妻子的义务，她明白自己应该做什么！"

做妻子的应该始终努力让丈夫树立这样一个观念：他才是这个家的一家之主，而不是整日里被妻子喋喋不休的那个愚蠢的破坏者。布置家居切莫将之视为小事一桩。添一件什么样的家具，妻子应该和丈夫一起商量。这样一来，可能你会觉得自己的权利被剥夺了，但最终的结果却是：他开始一天比一天喜欢这个家了。做丈夫的在关心家庭方面，其实丝毫不逊色于妻子。相比妻子而言，丈夫更需要一种感觉——一种本能的价值定位——"家庭少了他就不完整"。

我们应该时刻记住：为了深爱的丈夫，我们可以付出自己的一切。我们心甘情愿地做家务，无非是想给他营造出一个充满爱意、安宁舒适的小窝，而不是为了让家里绝对洁净。为了让丈夫开心快乐，我们在布置家居时需要记住以下的基本原则：整洁有序，轻松舒适，笑声和爱意充满家中的每个角落；让丈夫与你一起布置你们的家。

让女人受益一生的幸福课：

▶没有爱，名利和富贵则一无是处。如果你的丈夫能从你给他的爱情里感觉到幸福与满足，那么他回报你的就是更好的生活。

▶伟大的家庭主妇，会把生活琐事加工成艺术品，会让家庭气氛保持融洽。

▶千万不要因为忙碌，而忘记了家庭的真正含义：为丈夫创造一个温馨舒适的、充满爱意的、放松自我的避风港。

第五课
做完美家庭的舵手，越用心越幸福

婚姻的幸福和快乐很少是靠机遇获得的，它是靠人营造出来的，而且还要有理智的、审慎的计划。

少说几句话，多被几人爱

有人把这世界上的人分为四种：在不该说话的时候不说话的人，在该说话的时候说话的人，在不该说话的时候说话的人，在该说话时候不说话的人。女人很多时候都属于第三种。女人总想控制自己的男人，表现之一就是整日滔滔不绝地说这说那。有不少丈夫抱怨妻子整日在耳边唠叨个不停，而他们常常采取的对策不是装聋作哑就是躲避逃跑。

75年前，法国皇帝拿破仑三世——拿破仑·庞纳派德的侄子，爱上了全世界最美貌的女人——依琴尼·迪芭女伯爵，他们迅速坠入情网，并很快结了婚。大臣们纷纷议论：“她不过是一位地位并不显赫的西班牙伯爵之女。”拿破仑三世反驳说：“这有什么关系？”

是的，拿破仑早已沉浸在她优雅迷人的美貌中，他感觉如神仙般幸福。他甚至在一篇皇家公告中公然宣称，即使全国人民反对，他也决不后悔。他说：“我想让一位我所敬爱的女人成为我的妻子，我不想要一个与我素不相识的女人。”

拿破仑和他的新娘拥有着所有的完满婚姻所具备的“圣火”：健康、权力、美貌、爱情。婚姻的圣火在人世间似乎从来没有燃烧得如此炽热。然而，这圣火并没有燃烧多久，这股炽烈而耀眼的火焰就渐渐地熄灭了。也许你要问：这是为什么呢？尽管拿破仑可以使迪芭女伯爵坐上皇后的宝座，但无法以他爱情的力量、国王的权威，使她对他无理的、无休无止的唠叨稍微停歇下来。

嫉妒和猜疑困扰着迪芭，所以她无视于他的命令。她不允许拿破仑有一点点个人隐私。无论何时，无论何地，她都不管不顾，她冒失地闯入拿破仑正在处理国事的办公室；她不允许拿破仑独处，因为她担心拿破仑会和别的女人约会；她经常去她姐姐家哭诉、抱怨，她埋怨自己的丈夫，她不停地唠叨哭闹；她还会强行冲进他的书房，大发雷霆，辱骂自己的丈夫。拿破仑虽然贵为法国皇帝，拥有无数财富，拥有许多豪华的宫殿，可他却找不到一间可以让自己能够安静下来的房间。

她这样无理取闹，结果怎样呢？

在莱茵·哈特的名著《拿破仑与依琴尼·迪芭——帝国的悲喜剧》一书上，我们可以找到答案：“从此以后，拿破仑经常在晚间由一个亲信侍从陪伴，从宫殿的一扇小门偷偷溜出去。他用一顶软帽遮住眉眼，去与一位正等待着他的美丽女郎幽会。他们有时去游览巴黎这座古老的城市，有时去欣赏神仙故事中连皇帝也见不到的街道美景。他尽情呼吸着本来应该拥有的自由空气。”

这就是这位皇后经常唠叨的结果。她高居法国皇后的宝座，她的美丽盖世无双。然而，皇后之尊、超群之美都不能使自己的爱情在这种吵闹的气氛下继续存在。迪芭曾放声痛哭：“我最害怕的事，终于降临到了我的头上。”然而，她却不知道，原本可以很幸福的生活，正是因为她的唠叨才被葬送了。

地狱中的魔鬼所发明的破坏爱情的所有恶毒手段中，最厉害的就是唠叨了。即使贵为一国皇后，即使是全世界最美丽的女人，如果整天对自己的丈夫喋喋不休，她一样会被抛弃。

喜欢唠叨的女人不止一个，俄国大文豪托尔斯泰的夫人也是这样的女人。然而，等她发现自己的问题时，已经悔之晚矣。临终时，她向自己的女儿们忏悔道：“你们的父亲是因为我才去世的。”

托尔斯泰是历史上最著名的作家之一，他创作了《战争与和平》、《安娜·卡列尼娜》两部世人皆知的名著。在文学领域中，闪耀着耀眼的光辉。托尔斯泰为人们所拥护，他的支持者终日追随在他的身边。即便他说：“我想我该去睡了！”类似于这种平淡无奇的话，也会被人们记录下来。

托尔斯泰中年以后开始关注中下阶层人民的生活。他致力于写宣传和平、消弭战争、解除贫困的小册子。他为自己年轻时犯过的各种难以想象的罪恶和过错忏悔着……他虔诚地遵从耶稣基督的教诲。他把所有的土地都送给了别人，自己过着清贫的生活。他去田间干农活、伐木、堆草，自己做鞋、打扫屋子、用木碗盛饭，而且尝试尽量去喜欢他的仇人。

但是托尔斯泰的妻子却爱慕虚荣，喜欢过奢华的生活。她渴望拥有显赫的地位、崇高的名誉、世人的赞美、用不完的金钱。托尔斯泰坚持放弃他所有作品的出版权，不收任何稿费、版税，她为此而哭喊，谩骂，唠叨不止……她以死威胁丈夫，说要吞鸦片烟膏自杀，还说要跳井。这样的情形持续了很多年。

在某个夜晚，他的妻子，这个年老、伤心、渴望着爱情的女人跪在他膝前，央求他朗诵五十年前他为她写的美丽的情诗。他读到那些美丽的诗句，回想起两人那些美丽而甜蜜的日子时，不由得痛哭起来……然而，那样的日子再也回不去了。

托尔斯泰82岁时，他再也无法忍受家庭的折磨，在一个大雪纷飞的夜晚逃出了家门。11天后，饥寒交迫的托尔斯泰得了肺炎，倒在一个车站里，临终之时，他唯一的请求是：别让他的妻子来看他。

这就是托尔斯泰夫人为她的埋怨、吵闹、无理谩骂所付出的代价。

也许，在有些人看来，她并没有什么大错，在一些地方吵闹也不算很过分。没错，我们可以认同这种说法，但是，这并不是我们最终讨论的问题。最重要的一点是，她那种永无休止的吵闹对她一点帮助都没有，而且让她终身遗憾。

这就是迪芭女皇后、托尔斯泰夫人和丈夫吵闹的结局。她们原本应该得到幸福的生活、美满的婚姻，然而，最终她们得到的却只是生命中的一幕悲剧。她们亲手毁灭了她们所珍爱的一切，包括爱情。

海姆伯格在纽约的家事法庭工作了十一年，他曾接手过很多“遗弃”案。对此，他的见解是：男人之所以离开家，其中最主要的一个原因就是，他们的妻子不断地吵闹。

女人们，你永远都别想通过自己“不懈”的唠叨改变他，那样做只会让他反感。唠叨就像魔鬼的诅咒一样，破坏着爱情，挖掘着婚姻的坟墓。所以，如果你想有个幸福而快乐的家庭，千万不要喋喋不休。

放弃控制，反而拥有力量

女人，即使你是伊丽莎白女王，回到家你也只是别人的老婆。女人们，请放下在社会上那层虚伪的面罩，释放你的真性情。你可以大胆地去爱，去撒娇，去放松自己，因为你丈夫所在的地方才是你的港湾。

取得婚姻成功的关键因素，绝非只是找到一个好配偶那么简单。所谓门当户对，你首先也要严格要求自己。每一个人都想让自己的家庭生活保持幸福快乐，夫妻双方相互尊重对方是很重要的一环。所以无论何时何地都不要根据你的意思去妄图改变你的伴侣。

狄斯累利说：“我一生做过许多愚蠢的事，但我从来没有想过为爱情而结婚。”单身汉的生活他一直过到35岁，然后一位有钱的寡妇的出现结束了他的这种生活状态。一位比他大15岁的寡妇竟然成为了他的妻子，这简直令人难以置信！面对着年过半百且满头白发的老女人，任凭谁都会怀疑他娶她是出于爱情吗？这个老女人知道他并不爱她，而且他是为了她的财产而娶她的。因此，面对这个男人的求婚，她说要他再等一年，在考察他的人品是否合格后，再做决定。好事多磨，一年之后，两个人结为夫妻。

这故事听起来很俗气，特别商业化。但令人奇怪的是，在所有破碎而污浊的婚姻中，狄斯累利的婚姻却是最闪光的。

这位有钱的寡妇在一般人的眼睛里：既不年轻，也不漂亮，甚至还蠢得很。她的愚蠢主要表现在：谈话常常错误百出，暴露出她在文史知识方面的欠缺。例如，她“从来都不知道历史上是先有希腊人，还是先有罗马人”。但是她也并非一无是处，她最大的优点便是在处理婚姻生活中最重要的事情——如何对待男人方面，是一个不折不扣的天才。

她只想做一个安分守己的妻子，并且认为在智慧方面和丈夫一较高低是不明智的做法。当狄斯累利和那些机智的女公爵们周旋了一个下午，精疲力竭地回到家中后，妻子玛丽·安妮说的那些家常话便能让他彻彻底底放松下来。对于这个家他产生了极大的依赖。和年长的妻子在家中共同相处的时光，是他一生中最快乐的时光。她是他的伴侣、亲信、顾问。更为难能可贵的是：只要他去做事情，这个老女人都相信他会成功。

共同生活的30年，玛丽只为一个人而活着，这个人毫无疑问就是狄斯累利。在她看来，她所有的财产都比以前更有价值，因为这些财富让丈夫的生活过得更加舒适。她得到的回报是她成了他心中的女神。玛丽在1868年被封为贝肯菲尔德女爵，而狄斯累利在玛丽去世后才受封为伯爵。这是狄斯累利对妻子表达爱意的一种独特的方式：一定要让自己的夫人先获得爵位称号。

狄斯累利在其他方面也表现得足够爱自己的妻子：从来都不批

评，从未责怪。如果有人讥笑他的妻子，他会像卫士一样冲上前去激烈而忠诚地为她辩护。反过来，玛丽30年来总是不知疲倦地谈论、赞美、夸奖她的丈夫。结果就是“我们结婚30年，但是我从来都没有厌烦过她”。这是狄斯累利亲口说过的话。

狄斯累利始终认为玛丽是他一生中最重要的人，而他的夫人玛丽则经常满脸幸福地告诉她的朋友们：“我很感谢他的爱。因为他，我的生活成了永不谢幕的喜剧。”他们经常会开一些小玩笑，狄斯累利说：“你知道的，我只是为了你的金钱才和你结婚的。”玛丽则会笑着回敬道：“确实不错。但如果你必须再从头开始的话，你就会因为爱情而和我结婚，是不是？”

亨利·詹姆斯所说的话非常重要：“和别人相处所要学的第一课，就是不要干涉别人寻找快乐的特殊方式，如果这些方式并没有对我们产生强烈妨碍的话。”

或者像里兰·弗斯特·伍德在他的著作《在家庭中共同成长》中所说的：“若想婚姻成功，决不只是找一个好配偶，你自己也要成为一个好配偶。”

珍恩·卡莱尔不仅漂亮迷人，更是一个才华横溢的诗人。对于她和托马斯·卡莱尔的婚姻，所有的人都觉得她的丈夫是癞蛤蟆吃了天鹅肉，而她则是自己跳进了火炕。人们认为她其实完全可以找一个条件更好的丈夫。托马斯·卡莱尔的优点是聪明——这也是他唯一的资本，但是他的缺点却非常明显：十分粗鲁，待人接物极不随和，有一些怪癖，而且是个穷光蛋，看上去也没有什么光明的前途。可是直到现在，珍恩·卡莱尔都形影不离地陪着自己的丈夫一步步走来，看着他完成了一部部古典文学名著：《法国革命》、《克伦威尔的一生》，又成为爱丁堡大学的校长——伦敦人崇拜的偶像。

珍恩·卡莱尔结婚后，彻底放弃了写作，也许文学史上从此缺少了一个伟大的诗人，但这是她自己心甘情愿做出的选择，因为她要拿出更多的时间帮助丈夫。他们放弃了大城市优越的生活，远离了家庭朋友，在一个与世隔绝的苏格兰乡村扎下根来。在那里她彻彻底底成为一个勤俭的家庭主妇，自己亲自缝补洗涮，制作可口的饭菜，无微不至地照顾着丈夫，不仅治好了他的慢性胃病，把他长久以来的郁闷情绪也一扫而空。

随着丈夫的崭露头角，有很多欣赏丈夫才华的人开始蜂拥而至。其中不乏一些漂亮的女人，珍恩默默忍受了这所有的一切。她写过的一封信上这样写道："我不鼓励每个人都变成同一种类型。我的做法是：用粉笔画个圈圈，劝告圈里的人尽量发挥自己独特的个性，不要跨出圈子。"

珍恩喜欢先生能够一直保持自己的本色，任由他发展自己的个性，并且寄希望于世上的人都能够坦然接受他的这种个性。现实生活中，许多男性活得都十分痛苦。细心观察便不难发现，每一个这样的男人背后都站有一个野心勃勃的妻子。她们往往把丈夫视为自己的工具，逼迫他们去做超出他们自己能力限度的事。

有一个女性和丈夫结婚以后，她用二十年时间一直竭尽全力促使丈夫成为白领人士。具有高明技术的丈夫本来在水管工人的工作岗位上快快乐乐地工作着，但在这二十年里他几乎陷入痛苦的深渊。因为妻子看到自己的丈夫上班时拎着公文包时，虚荣心便得到极大的满足，哪怕里面空空如也。可是，一旦自己的丈夫拿着便当——尽管里面装满了可口的饭菜，羞耻感便袭上她的心头，于是开始向丈夫不断地提要求。

在太太整日唠叨的逼迫之下，这个可怜的家伙硬着头皮进了一家大公司当抄写员，现在他手中的笔杆代替了螺丝刀。他的太太觉得自己终于可以挺直腰板做人了，于是经常向自己的朋友炫耀，说她是丈夫的救赎者。二十年间他也晋升了好几级，薪水大大增加了，生活条件也得到很大改善。但现在，他极端厌烦这些文书工作，得不到任何生活乐趣。

约翰·马昆特的小说《没有退路的据点》里面的主人公也是这样的。书中描写的社会十分重视物质生活，贵族学校、高级的娱乐场所、时髦的衣饰比个性更重要。书中的妻子为了满足自己的虚荣心，不断怂恿丈夫往上爬，完全无视丈夫并不热衷于这种成功的意愿。到最后，这个对妻子的要求言听计从的丈夫，发现自己陷入一个极不适合他性格的社交圈，但是，想回头已经没有了退路。

彼德·斯坦克隆博士在其著作《假如你能停止谋害自己》中指责那些过分逼迫丈夫的妻子们——要求自己的丈夫永无休止地挣更多的钱，达到更高的生活水准，获得更好的地位。他说："这种天生喜欢追求名利的女人，破坏了很多幸福的家庭，这是我亲眼见过的。"

俗话说："江山易改，禀性难移。"要想改变一个人，有时候是比移走一座山更难的事情，既然是这样，我们就不如试着适应对方。所以女人们请记住：与其强求改变，不如学会适应。

放下架子，撇开面子，利人又利己

那些不解决问题，甚至是适得其反的指责，除了令人心碎，毫无任何益处可言。女人们，学会体谅你的男人，并竭力自我克制，才能避免家庭中的矛盾，才能避免不幸的到来。

德国军队里有这样一条规定：士兵们在事发之后不允许立即申诉、批评。如果谁要以身试法，便会受到严厉的处罚。这条规定似乎也有用在我们日常生活中的必要。因为这个时间差能让人平息怒气，以免人们说出伤人的话，做出后悔的事！

1845年4月15日，星期六的早晨，林肯躺在一家简陋的公寓的卧室中。这家公寓就在他遭到狙击的福特戏院对面。林肯的伤势过重，几乎没有生还的可能。陆军部长斯坦顿说："躺在那里的，是世界上最完美的元首。"

我曾花费了十年左右的时间，研究林肯一生成功的秘诀。同时我又整整耗费三年的时间，撰写了一部有关他的著作——《人们对林肯尚未清楚的一面》。

关于林肯的人格和他的家庭生活，我自信我的研究是最为详尽的。在研究的过程中，我又颇有侧重地做了一项特殊的观察——林肯待人的方法。其中有一个问题："林肯是否任意批评过他人？"经过仔细研究，答案是肯定的。的确如是，他年轻的时候，在印第安纳州的鸽溪谷，他不但出言不逊，而且还写信做诗去大肆讥笑别人。林肯在伊利诺伊州的春田镇挂牌做了律师后，他还在报纸上通过发表文稿，公开攻击与他敌对的人。

1842年秋季，林肯讥笑一个叫西尔兹的爱尔兰政客，这个人向来自大好斗。有一次，春田的报上刊登出一封未署名的信讽刺他，西尔兹受到全镇人的大肆嘲笑。这件事顿时激起这位平时敏感而自大的人的心头火。当他查出是林肯写的这封信时，迫不及待地骑上马就去找林肯决斗。

林肯一直反对决斗，始终认为那是野蛮者的游戏。但这次他不得不做充分准备。到了指定的日期，他提着马队用的大刀和西尔兹在河滩上准备决一生死。但在最后一分钟，双方的助斗者阻止了这场决斗。这件事给林肯在待人方面一个极宝贵的教训。从此他再没写过凌辱人的信，也不再讥笑人家，他甚至不再为任何事再批评任何人。

还是这位林肯，后来美国的总统先生，他一生的大悲剧不是被刺杀，而是他的婚姻。林肯夫人几乎用了四分之一世纪的时间批评她的丈夫。在她的眼中，林肯从来就没有对的时候。她严厉批评他走路时的姿态：没有弹性且姿态不够优雅。她甚至用模仿他走路的样子大肆取笑他，还亲自示范强调他走路时要脚尖先着地，就像她从孟德尔夫人寄宿学校所学来的那样；还有他的两只大耳朵，成直角地长在头上的样子，她也不喜欢；她甚至还说他鼻子不直，嘴唇太突出，手和脚太大，而头又太小……

林肯并没有因为夫人这样的批评、咒骂、发脾气而改变自己。他只改变了一点，那就是对妻子的态度。他开始深深痛悔他的不幸婚姻，想方设法地尽量避免和她在一起。

因此，如果你想家庭生活幸福快乐，请记住：“绝对不可以批评。”

在家庭生活中，我们要设身处地地为家人考虑，并竭尽全力做到自我克制。批评的话语切莫用到任何一个家庭成员身上。对于夫妻二人的任何一方来说，宽容大度总是要比挑剔和斥责的效果好上一百倍。因此，夫妻在共同生活的过程中一定要大度，尽可能地包容家人大大小小的过失。

在政治生涯中，狄斯累利最强有力的对手是格莱斯顿。凡遇到国家大事，他们俩就会针锋相对。但是他们有一个共同点，他们都拥有非常幸福的私人生活。

格莱斯顿和他的妻子凯瑟琳共同生活的近60年的时间里，一直相敬如宾。格莱斯顿在公开场合是一位值得敬畏的人物，但他在家里从不发脾气。当他到楼下吃早饭，而全家人却还在睡懒觉时，他不会满口怒气地把他们一个个叫起来，而是用大声唱歌的方式来告诉还没有起床的家人：全英国最忙的人独自一人在楼下等候他们一起用早餐。

陶乐斯·迪克丝是美国婚姻研究方面的权威专家，她认为50%以上的失败婚姻都是由唠叨和指责造成的。因此，女人们，如果你要维持家庭生活的幸福快乐，就要记住这条终身受益的规则：不要批评、指责你的家人。

一本好书，成就完美婚姻生活

没有性，人是残缺不全的；没人爱，人就会枯萎凋零。性因为爱而名正言顺，爱因为性而合情合理。婚姻的维持和完满少不了性爱。性爱和情爱是维持正常婚姻的两翼，只有两翼齐飞，婚姻才能够和谐幸福。只重性不重情，或只重情不重性，都会对婚姻造成损害。对于婚姻来说，性爱与情爱不仅不可分离，两者还应该相互融合。

婚姻离不开性生活。性几乎是婚姻家庭生活的基础，只有理顺了，其他方面才不会遇到麻烦。凯瑟琳·贝蒙特·戴维斯博士是社会卫生局总干事。有一次，她做过一项调查，所获得的结果却令人吃惊不小——在别人看来非常开放的美国成年人，在性生活方面并不愉快。戴维斯博士在研究了这1000位已婚妇女的回答之后，郑重地发表了她的见解——美国离婚的主要原因之一，就是生理上配合的错误——性生活的不和谐。

婚姻的症结是什么？

汉弥顿博士说：“只有那些极端偏执或非常莽撞的精神病医生，

才会说婚姻生活的大部分摩擦不是由性生活的不和谐引起的。也就是说，如果夫妇之间，性生活十分美满，那么许多由其他因素导致的冲突将会迎刃而解。”

莫要对丈夫的性要求置之不理，除了身体不健康，除了你正在生丈夫的气。哪怕只有一次，你的拒绝也会伤害到他的自尊心。丈夫对妻子的渴求实则是他的最高赞赏。如果哪一天他对你的身体开始没有感觉和漠不关心，这也许就是你们分道扬镳的前兆！一个成功的女性在生活中会碰到很多愉快的事情，但是丈夫是最可爱的一部分。你要心甘情愿地成为他的伙伴——一个在性爱上能够达到最佳状态的伙伴。

保罗·鲍比诺博士是洛杉矶家庭关系研究所所长，他是美国家庭生活方面的权威者。他曾对数千起婚姻纠纷官司做过深入细致的研究。他认为婚姻的失败常常是由如下四种因素直接引起的：

1、性生活不和谐。

2、消遣意见不同：对如何休闲娱乐存在分歧。

3、受到自身经济条件的局限。

4、心理、生理或情绪上的不稳定、异常现象。

请注意以上四点是依其重要性依次排列的。性生活高居第一位。通常人们所认为的经济因素仅仅只排在第三位而已。

著名心理学家约翰·沃特森曾说：“性是人人所公认在我们生活中最重要的事情，而且被认为是导致婚姻失败的主要原因。”

有若干来我讲习班演讲的医生，他们在谈到这个问题时的说法也几乎是一样的。那么，在今日各项学科都在突飞猛进的20世纪，我们有这么多的书和教育，却仍会因忽略了自然的“性本能”，而使婚姻破裂。这难道不可悲吗？

奥利弗·布特费尔牧师放弃了做了十八年的传教生涯，去纽约市家庭指导服务中心主持工作。后来他结了婚，他的婚龄也许比许多年轻人的年龄还大。他说："早年我做牧师的时候，我发现那些来教堂结婚的男女们虽然对美好的婚姻生活充满了向往，但是直到他们走进婚姻的殿堂，他们仍然是'婚姻的文盲'。"

他又说："人们对于婚姻中相互调适的大问题只会听天由命，离婚率竟然达到16%这个惊人的数目。这样的结合只能说明许多丈夫和妻子并没有真正结婚，他们只是尚未离婚而已。"

幸福的婚姻，并不听凭于机会，而是需要营造。

布特费尔博士说："性，只是婚姻生活中诸多愉快的事情的一种。但只有把这层关系调和得很适宜，其他方面的事情才会顺利。可是，又如何使它适宜呢？碍于情面而不好意思说并不是解决问题的方法。感情的缄默，必须代以客观的讨论能力，并以超然的态度来对待婚姻。要获得这种能力最有效的办法，除了看一本内容丰富的好书之外，别无良方。除了我自己写的《婚姻与性的和谐》这本小册子之外，还有三部我认为值得一般人观阅的：伊莎贝尔·哈顿的《婚姻中的性技巧》，马克思·爱克斯纳的《结婚性生活》以及赫勒拿·莱特的《婚姻中的性因素》。"

所以，为了使你的家庭生活更快乐，请读一本关于婚姻中性生活的好书。

《美国杂志》在1933年6月刊登了一篇名为《为什么婚姻会有毛病》的文章，作者是埃麦特·克鲁齐尔。下面是从那篇文章中摘录出来的几个问题，看过之后或许你会觉得这些问题值得回答。如果你对某个问题做出肯定回答，你可以记下“10分”的分数。

问丈夫的问题：

1. 你是否还在像过去一样体贴、温柔？偶尔会买一束鲜花送妻子，记住她的生日和结婚纪念日？或常给她一些惊喜？

2. 你是否极力地避免在他人面前批评她？

3. 除了家庭费用以外，你是否另外给她一些钱让她自己随意使用？

4. 你是否尽力帮助她度过疲惫、容易发怒的时期？

5. 你是否至少拿出一半的消遣时间与她共处？

6. 除非对她有利之外，你是否会尽量避免将她的烹饪手艺或家务方面的能力与你母亲或朋友的妻子做比较？

7. 你是否对她的思想方面、她的社交活动、她所读的书和她对公共问题的看法有兴趣？

8. 你是否让她和别的男人共舞，让她接受他们殷勤的照顾而不说嫉妒的话语？

9. 你是否经常寻求机会称赞她，并表达你对她的钦佩？

10. 你是否感激她为你做的各种琐碎事，如钉扣子、补袜子等等，有没有向她说一声谢谢？

问妻子的问题：

1. 你是否让你丈夫有充分的自由做他所喜欢的事业，不批评他的同事和他在外面的应酬交际，不干涉他选择秘书？

2. 你是否尽力使你的家庭充满幸福融洽的气氛？

3. 你是否总是更换家里的菜谱，使他吃得开心？

4. 你是否对丈夫的事业有所了解，和他讨论并提出见解来？

5. 你是否能勇敢、轻松地处理你们所遇到的经济困难而不批评你的丈夫，或将他和别的有钱的朋友做不利的比较?

6. 你是否特别努力地让自己和婆婆或其他亲属和睦相处?

7. 你是否注意你丈夫对衣服颜色及款式上的喜好?

8. 为了家庭和睦幸福，你是否会做出一些让步?

9. 你是否努力学习丈夫喜欢的东西，以便使你能和他共享这份消遣?

10. 你是否留意每天的新闻、新书和新思想，以使你能和丈夫有共同的话题?

看过之后，无论你给自己打了多少分，值得庆幸的是我们都应该找出了婚姻幸福与否的症结所在。

女人们一定要知道性爱对于你们婚姻的重要性。性爱也是需要经营的，娇艳的玫瑰、香醇的红酒、充满爱意的拥抱、耳鬓厮磨的私语都是提高你的性商的必备课程。男人不是天生的性高手，女人也不要压抑自己的性，让你们的和谐关系从保鲜的性爱开始。

倾听，让爱更浓一分

无声的微笑和倾听是夫妻间最好的黏合剂。好妻子不会让丈夫有“心里话不知对谁说”的感叹。女人们，经常听听他的倾诉，听听他的理想，让他在你面前做一只可以自由翱翔的雄鹰吧！

奥格登·纳屈尔在《献给女婴之父的颂歌》中这样感慨：有一个男婴正在这个世界的某个角落成长，他将会是娶走他可爱的小女儿的男人。既然大多数可爱女婴的父亲都发出过相同的感慨，那我们就不能回避这个问题。但是处在女性的角度考虑，一辈子容忍男人的任性是件可悲的事情，但没有男人可以让她去容忍则更为可悲。

这个世界上有一半人是男性，女性在生活中不可避免地要和男人接触，所以女性和男性相处的技巧成为每个女人不可回避和必须要解决的问题。我们不得不接受男人和女人之间存在差异这个事实。那么作为女人，多考虑一下如何与男人相处应该不是一件坏事。

男人希望女人能为他做什么事呢？或者还可以换一种说法：具有哪些特性的女性容易让男性喜欢和她在一起呢？以下几条行之有

效的规则也许可以解决众多女人的困惑。

一、温和体贴、乐观向上

家庭问题专家桃乐丝·迪克斯指出：“男人选择妻子的首要条件就是女人要性格乐观。”一个单身汉曾经坦率地说，一个快乐、温柔、性情温和的女人和一个愁苦、愚钝、性情暴躁的女人之间根本就没有任何可比性。因为任谁都会毫不犹豫地选择前者！

一个女速记员，就这份工作而言，她不能算合格。因为她做不到准确迅速地记录和打字，但是她却能在这个工作岗位上一直干到结婚和退休，她那快乐如天使般的性情如同阳光一般照亮了所有人。不管别人的牢骚、抱怨和批评有多么严重，只要有她在，一切都会迎刃而解。即使她不做任何事情，也值得付给她那份薪水。

二、做男人所需要的好妻子

杰克·弗里克是美国高尔夫球公开赛冠军。他曾为纽约《世界电讯报》撰写文章，详细描述了他如何克服不利局面，获得两个市立高尔夫球场特许经营权的艰辛历程：当时，杰克面前的任务极为艰巨，他既要保住特许经营权，又要为了参加比赛加紧练习。在十分辛苦的情况下，他幸运地娶了芝加哥的丽·伯恩斯泰做妻子。丽成了杰克的事业帮手，她让他有更多的时间准备比赛。

1952年开始，杰克带着一家奔赴全国各地。丽负责照顾一岁多的儿子克瑞罗，而杰克则马不停蹄地参加各地的巡回公开赛。杰克说：“丽从不跟我上球场，谁见过邮差带着妻子去送信？”但是丽·伯恩斯泰总在他身边安排好一切，免除了他的后顾之忧。像丽这样的女人，才是男人所需要的好妻子。

弗洛伦斯·梅纳德太太是纽约州北部小镇上一个普普通通的家

庭主妇。前十六年的婚姻生活中，她除了料理家事以外几乎没有别的爱好，所以她总是觉得生活似乎欠缺了一些东西。后来，她终于知道缺少的是伴侣间的交流。于是梅纳德夫人立即采取行动，下定决心改变这种现状。

梅纳德夫人说她丈夫的主要兴趣就是职业曲棍球，所以，她把培养自己对这项运动的兴趣作为切入点。当她把曲棍球的知识彻底弄明白之后，也对这项运动产生了浓厚的兴趣。看曲棍球比赛从此不再是丈夫的个人专利，和丈夫相比，她的热情丝毫不差。从此，她不仅和丈夫有了更多的话题，而且有了新的活力。从此，她再也不会一个人坐在家里无所事事了……

三、做一个出色的倾听者

女人的话太多——这几乎是所有男性的共识。他们的意思是指女人抢走了本该属于他们的说话机会。许多女人错误地将倾听理解成一声不响地坐在那里。其实，一个合格的倾听者会在适当的时刻加入到谈话当中去，用自己的话语引导对方侃侃而谈！

倾听别人谈话时最重要的就是集中注意力。眼神不要飘忽不定，表情要尽量放松自然，而且要随着听到的内容做出相应的反应。一个面无表情的听众，是最让说话的人觉得扫兴的。

出色的倾听者一定会积极配合说话者。以前曾有一种说法：一个女孩子如果想博得男人的欢心，只需要在男人描述自己某次成功的经历时，抬头凝视他，并适时地插上一句“天啊，你真是了不起，你简直是个天才！是我心目中的王子！”之类的话就足够了。不过，现在这种理论已经有点行不通了：更多女孩追求事业上的成功，她们觉得完成从精明的女强人向愚蠢的小女孩的角色转变，困难重重；

而男人们也越来越精明，他们能分辨得出谁是真心倾听的女孩，谁又是装傻想缠住他的女孩。

在倾听时，最好的沟通方法就是把握时机地问他一个问题，以表明你正在认真地倾听。有时候，你还可以偶尔提出你的不同见解，这样就不至于使交谈单调。如果你支持他的说法，并且在某方面颇有经验的话，就不妨在他谈话停息的间隙提出来。但是要注意语言表达一定要简洁，切不可滔滔不绝，更要时刻牢记对方才是谈话的主角。

女人一旦学会了倾听别人的讲话的艺术，就会与男人相处得更加愉快，也会让我们和更多的人成为朋友。最重要的是这种倾听是提升女人自身气质的好机会。

四、做一个适应能力非常强的妻子

下面的这种场面也许司空见惯：

丈夫说："今晚我们请老朋友吉米和玛贝尔过来吧，我们很久都没见过他们了。"妻子回答说："好的，顺便也请海伦和汤姆来吧，因为最近我们已经到他们家去过两次了。"

接下来的事情就是：

"啊，天哪！海伦的妹妹在她那儿住，我们必须找个男伴来陪她。你赶紧去熟食店多买些啤酒和乳酪脆饼。我负责打电话，然后化妆，换衣服，收拾东西。我换衣服的时候，你最好用吸尘器清洁地毯。"

此时此刻，她的丈夫一定希望当初自己没开口提出建议。他原本只想安静地陪一两个朋友简单地聚一聚，结果却招来了一屋子客人。

我认识一个适应能力非常强的妻子，她的丈夫喜欢临时决定去度假。他常常扔下一份旅游广告，就迫不及待地给妻子打电话："亲爱的，收拾好行李，明天早上我们去夏威夷度假。”这时，早已习以为常的妻子会很快收拾好放了泳装的手提箱，将小鹦鹉托付给邻居照顾，然后将所有的约会全部取消，等着第二天早晨上船出发。她说：“这很简单，没有什么难的！你只要确定谁是你最关心的人就行了。任何一个女性只要稍加训练，就都可以轻而易举地做到。”

男人突然想到一个主意时会马上将它付诸行动！假如女人无法及时适应这种冲动，无疑会令他们感到十分气恼。要学会适应男人的心情，这是女人赢得男人青睐的最好办法。只有很快就拥有这种适应能力的女孩，才能在如何与男人相处的道路上抢占先机。

五、既能干又具有女性魅力

一次上课时，一个女孩向我倾诉，说她因为自己太能干而失去了一个很合适的男人。这个女孩在公司担任经理一职，平时发号施令，负责制订计划，一切都是得心应手。但是在处理男女关系上她却没有如此成功。

她这样分析自己说：“我发现，在我们交往的过程中，因为我的过分能干，总是抢先做好了一切，他甚至从没有机会按下电梯按钮。他的男性气概被我抹杀了，最终的结果是我失去了他，这一切都是我自作自受。”

想想现在的女孩实在是可怜。她们为了嫁给自己中意的男性，除了要保持自身的成功和独立之外，又必须牢记自己是一个富有女人味的女孩。可是现在，男人被惯得鱼和熊掌都想兼得：要求女性不仅要具备女性的魅力，还要有足够聪明的头脑。必要的时候，最好还能帮助他发展事业和增加财富。

所以说没有什么是容易得来的！为了将来的安然幸福，女人们，我们现在要潜心经营自己！你可以这样去做：工作时充分施展才能，做老板不可或缺的得力助手；下班之后则要是一个活生生的女性，让那个与你约会的男人觉得你是一个具有女人味的女人。

六、只做本色的自己

一个老女人打扮成少妇模样：紧绷绷的服装、一头假发、三英寸高跟鞋、一对假乳、艳丽的红唇……这是最让男人感到滑稽可笑的事情了。而其中更为可悲的是：女人拒绝接受成熟。她会固执地认为，只有年轻的女性才有魅力，女人的魅力全在于年龄。可是她不知道经过时光打磨过的女人才是美丽而富有魅力的！

七、心甘情愿做女人

发明“两性战争”这个词的人一定是个战争鼓吹者。无论如何，男女之间的性别差异决不应该成为双方斗争的原因。女人乐于接受母亲的角色，男性也必须尊重女性在人类生活中担任的这个特殊角色。

但是不论结婚与否，一个人都要坦然接受自己的性别角色，它是态度端正、感情成熟的表现。如果不能有这种基本的认识，男人和女人之间就毫无幸福可言，结果就是让婚姻家庭成为男人和女人之间的战场。

女人如何与男人相处，根本就没有固定的公式可供套用，也不能套用公式。人与人之间存在着巨大的性格差异，凡事要因人而定。男人和女人争取成为相濡以沫的朋友，携手并进走在人生道路上。

替别人着想，为自己生活

不论男人或女人，都渴望得到赞美和爱。如果你能衷心地向对方表示赞美，并时时给予关怀，你就不会失去他。

女人在打扮美丽和穿着入时方面是极肯下一番苦功夫的。男人几乎都知道女人非常注意衣着，可是他们却常常忽略这一点。如果两对男女在街上相遇，这位女士很少会看另外一个男人，她们通常会注意对面的那个女士的穿着打扮如何。

我的老祖母活到98岁高龄，就在她去世前不久，我们给她看一张很久以前她所照的相片。她的眼睛不太好，看东西已经模模糊糊了，但她只问了一个问题："那时我穿的是什么衣服？"久病在床且已风烛残年的老祖母，她甚至连自己的女儿也认不出来，却仍然还想知道自己穿的是什么衣服！

我曾经摘录过一篇故事：农村里的一个女人辛苦了一整天，晚饭时，她把一大堆牧草放在丈夫和孩子们面前。当他们愤怒地问她是否发疯的时候，那个女子回答道："我怎么知道你们会注意到自己吃的是什么东西？我已经替你们做二十多年的饭了，时间足够长了。对于我做的饭你们说过什么话吗？难道这不让我怀疑你们吃的是草吗？”

沙俄时代的莫斯科和圣彼得堡的上流社会的贵族们对于礼貌十分注重。当他们享受了一顿美好可口的饭菜后，他们必定会要求主人把大师傅请出来，当面给予夸奖。

你完全可以在你太太身上试试这种方法：当她烧了一盘美味可口的炸鸡排时，你告诉她你非常欣赏她的手艺，她做的菜特别棒，你非常喜欢吃！就像格恩常说的那句话一样：“尽力地为那小女人喝彩一番。”

你这样做的目的是为了让妻子清楚地知道：她对于你的幸福快乐具有不可磨灭的贡献。狄斯累利是英国一位声名显赫的大政治家，他这样说过：“我得自夫人的帮助，比得自世界上任何其他人还多。如果我还算有所成就的话，那么一切应归功于她。”他从不介意天下人都知道他得到太太多大的帮助，虽然只是简短的几句赞美欣赏之词，却足以使他的夫人得到莫大的安慰。

可以说，真诚的赞赏是处理夫妻关系最好的润滑剂。在婚姻家庭中，赞美可以拉近夫妻之间的距离，让你拥有更多的幸福快乐。对于一直以来不断给你带来帮助的伴侣，一定要适时地赞赏他们。否则，辛苦付出却没人领情的结果会令人沮丧万分。

有一天，我翻杂志时看到一篇关于埃迪康特的访问记录，上面白纸黑字地写着：“在这个世上所有帮助过我的人中，毫无疑问我的太太是付出最多的人。我们是青梅竹马的伴侣，她一直鼓舞我勇往直前。我们结婚以后，她节省下每一块钱，并拿去投资再投资，替我积累了一笔财富。现在，我们有5个可爱的孩子，她为我布置了一个温馨的家，在此我要向我的太太表达我最为真挚的感谢！”

在好莱坞的花花世界里，婚姻就是冒险。但是著名的电影明星巴克斯特的婚姻，却羡煞旁人。巴克斯特夫人为了婚姻放弃了如日中天的舞台事业，但她的牺牲并没有破坏他们的幸福。“虽然她失去了舞台上无数的掌声和赞美，”巴克斯特说道，“可是现在，我时时刻刻都在她的身边，我随时随地都要让她知道我在为她喝彩。”

很多人对于不用花钱赞美十分吝啬，即使在心里对哪个人佩服得五体投地，这种心情也很难从他们的口中表达出来。但是希望得到别人的赞赏与肯定是人发自心底最殷切的需求。所以女士们，如果你想与丈夫相处融洽，想成为一个受他喜欢的人，就要给予他最想要的肯定，学会发自心底地赞美他。

真正让别人喜欢你的唯一办法，就是给予他们迫切想要的东西。这自然又产生了新的疑问：一个人最需要的到底是什么呢？

小时候在密苏里州的乡间度过的那段快乐时光，我至今想起来仍然记忆犹新。在家畜展览上，我父亲养的一头品种优良的白牛和几只红色的猪获得了特等奖。父亲的骄傲之情可想而知！那枚蓝带他总是小心翼翼地保存着，家里只要是有客人来到，他就会拿出来好好展示一番。其实，真正获得冠军的那些牛和猪只求吃饱喝足即可，丝毫不在乎那枚蓝带的价值。我的父亲对它爱护有加，只是因为这给他带来了荣耀和赞美。他觉得自己在别人眼中得到了充分的肯定和重视。

事实上不管男人还是女人，这种来自他人的肯定和重视就是人们最想要的东西。人类本性上最深切的需求就是得到别人的肯定和重视，这其中当然也包括许多伟大的人物。

美国第一任总统乔治·华盛顿最喜欢别人称呼他为“总统阁下”，发现美洲的航海家哥伦布曾经要求女王赐予他“舰队总司令”的头衔，伟大的作家雨果最希望巴黎市能改名为雨果市，就连莎士比亚也总是想尽办法给自己的家族谋得一枚能够象征荣誉的徽章……

“食欲、性欲、求生欲”是人的三大本能，那么对于生在现代社会的我们来说，对得到肯定的热切渴望在一定程度上甚至超过了基本需求。林肯先生就曾这样说过：“人人都喜欢受到称赞。”受到别人的尊重和赞赏是每个人的渴望，已经获得成功拥有了很多的男人们永远不会对赞美声产生厌倦。而其中他们更希望自己得到的重视来自于女性，特别是自己所爱的女人。

鲍宾诺是洛杉矶“家庭关系研究会”的主任，他曾这样说道：“大部分的男人，在寻找太太的时候，他们不是去寻找一个精明强干的女子，而是在找一个愿意满足他的虚荣心，并能够使他们觉得超人一等的女性。”

当一个公司或机构的女主管（未婚女性）应男士之邀去吃饭时，这位女主管在餐桌上滔滔不绝地讲述她在哪个名校或是场合所学到的渊博学识，饭后，她甚至还坚持要付自己的账。这样做的结果就是：以后她就得学着一个人吃饭了。

生活中还有与这相反的例子：一个没有上过大学的打字小姐被一位男士邀去吃饭。她无限钦佩地注视着她的男伴：“真的很不错，我实在是太喜欢了！你再说点有关你自己的事好吗？”结果自然不言而喻，这位男士定会告诉别人说：“虽然她并不是很美丽，但我从来没遇到过比她更会说话的人了。”

所以，女人们，如果你想要使家庭幸福美满快乐，千万要把这句话牢记在心：给予对方真诚的赞赏。

让女人受益一生的幸福课：

- 如果整天对自己的丈夫喋喋不休，尊贵和美丽都不能挽救爱情。
- 为了使你的家庭生活更快乐，请读一本有关性生活的好书。
- 如果你要维持家庭生活的幸福快乐，就要记住：不要批评、指责你的家人。

第六课
找准自己的位置，才能锁定成功

如果你对幸福的看法是无止境的悠闲，如果你期望退休躺在摇椅上，那么你是活在一个愚人的天堂中。因为懒散是人类最大的敌人，它只会制造出悲哀、早衰和死亡，永远不会带来幸福。

怕苦的人苦一辈子，不怕苦的人苦一阵子

适量的、不会让人过度紧张的工作，不仅不会对人造成伤害，还会对人的健康有益。工作是自然赋予我们的可以不断成长的神奇力量。“生活的快乐与否，完全决定于一个人对人、事、物的看法如何。所以一个人的幸福并不在于他从事了什么职业，而在于他是否从这份职业中找到真正的快乐。”

马克·H.赫林德和史坦利·A.弗兰克医生在《健康世界》上介绍过一位住在堪萨斯市的81岁的老太太：这位老太太将一把摇椅退还给她女儿，并附言：“我实在是太忙了，没有时间坐摇椅。”这位母亲已经掌握了不变老的方法——工作。

工作是对生活和健康最有效的补品。适量的工作会促进人的身心健康，过分的安逸则会对人造成伤害。

以英国伯明翰大学医学教授W.梅尔维尔·安诺特博士为代表的许多医生，都批驳“辛苦的工作有害健康”这个理论。他说：“据我们所知，没有任何工作会对健康的身体组织造成伤害。即使你的工

作很辛苦，但如果不是很危险，不妨碍睡眠和营养供给，又有足够的休息时间恢复体力，那么这样的工作，就是无害的。相信我，工作是有益的。”

欧·弗格特是德国脑科研究机构的博士，在一次国际老年问题研讨会上他郑重阐明了自己的观点：脑细胞的剧烈运动可延迟老化的进程。过度工作，不仅不会伤害神经细胞，反而可以延迟人向老年转化。

工作在人生中不只起着维持生计的作用。人不活动，肉体和心灵都会受到极大的损害。出于衣食的考虑而被迫忙碌至死，就是间接贬低工作本身价值的同时，也剥夺了自己享受生命的权利。

德克萨斯州的丽达·琼斯太太说工作是医治病痛的最有效的药品。因为正是工作把她从精神崩溃的边缘挽救了回来。

1941年，琼斯夫妇携家带口搬到新墨西哥一处面积为30英亩的农场里。他们刚到此处就发现那里有一个可怕的蛇窟。随处可见的响尾蛇活动的痕迹令全家人不禁感叹：一定是全州各地的蛇都聚集到这里来了！

“在那里，我并不担心缺水少电给生活带来的不便，而是家里有人被蛇咬到。我经常从睡梦中惊醒，梦见我抱着奄奄一息的孩子跑到镇上去求救。丈夫白天下地劳作时，只要几分钟见不到他，我就会陷入担忧之中。

“我不得不一直工作，以此来驱除不断袭来的忧虑和恐惧。辛勤工作对于我们改善艰苦的生活显然是必要的，而正是这种迫切需要的工作拯救了我。我把这30英亩地全部开发利用起来，全部种上玉米种子；我的双手累得磨出了老茧；为孩子做所有的衣服和装制足够吃上5年的罐头食品……每天干完活后，我都累得筋疲力尽，只盼着赶快上床睡觉，没有多余的精力再过问其他事请——包括那些可怕的响尾蛇。一直到我们搬走，都没有谁被蛇咬过。后来我再没机会做那么辛苦的工作，但是我对那一年的时光始终难以忘怀。”

懂得利用辛苦的工作创造力量，度过危机，这是琼斯太太给我们上的精彩的一课。在忙碌的工作中，全身心地投入进去，消沉、挫折或失望就会离我们而去。辛苦的工作经常在灾难时成为支撑人们的强大力量。

爱德蒙·伯克说过：“永远不要陷入绝望。但是如果你产生了绝望的情绪，就去工作。”爱德蒙·伯克的话可不是纸上谈兵——他自己的亲身经历可以作证。痛失爱子之后，他对一切都丧失了信心和希望。而工作对他而言就是救命的良药，因为只有在工作的过程中他才能忘掉揪心的疼痛，找到自己的方向。

听到“退休的人早死”这种说法时，我心里一阵悲哀。从活跃、忙碌、有益的工作状态中，一下子转换到整天无所事事地虚度光阴或漫无目的地排遣时日的生活状态，我们的生命力无可避免地会被消弭。

茱丽艾达·K.亚瑟是一位社会福利方面的权威人士，她说：“如果退休被理解成人家认定他已经老得不能做任何事，这真是一件非常可怕的事！一个人的工作、收入和自尊如果因为生理年龄问题而被剥夺了，这就更加可怕了。1950年的普查报告中有一个最值得注意的就业事实，那就是有几十万超过75岁的老人仍在继续工作，他们之中很多都属于没有雇主的自由职业者。”

1954年，首都人寿保险公司公布了一项报告：65 ~ 69岁之间的男人有3/5就业；70 ~ 74岁之间的男人也有2/5就业；75岁以上的男人仍有1/5在工作。他们大多从事的是自由职业。

这些数字极为有力地阐明这样一个观点——工作的能力和意愿并不在65岁生日时就突然丧失。在能力允许的前提下，莫要让某个养老金政策制定者决定你的下半生。在工作中体味成熟的快乐是年轻人所无法想象的，这与体力工作还是脑力工作的分别也没有关系。

女人们，我们千万不要因为变老就把自己的人生交给别人，我们应该像本章开始那个81岁的老太太学习：退掉摇椅，忙碌起来！

想做就做，给自己最深的宠爱

我们常说：做自己喜欢的工作，那是一种享受，否则，工作只是一个饭碗和一份职业而已。女人取得事业成功的捷径有很多，其中最为关键的是：选择自己喜爱的行业，做自己喜欢的工作。因为只有喜欢，才会为之付出，才能尽展自身才华，才能向成功的目标迈进。

如果你现在还不满18周岁，那么你必须要做出人生中两项重要的决定——这两项决定将改变你的一生，无论对你的幸福、收入还是健康，都会产生深远的影响。

首先，你将以何种方式维持你的生存？也就是说你打算做什么职业？你是做一个工人、农夫、警察、化学家、军人，还是一名教师、公务员、推销员，或是摆一个摊子？

其次，你将选择谁做你白头偕老的伴侣，也就是说你选谁做你孩子的父亲或母亲？

哈瑞·爱默生·福斯迪克在他的著作《透视的力量》中说：“每个男孩在决定如何度过一个假期时，都是赌徒，因为他必须以他的日子做赌注。”这两项重大决定如同赌博一般，充满着不确定性，采取何种方法才能把这种赌博的风险降到最低呢？

你首先要付出的努力，就是要尽量寻找你所喜欢的职业。轮胎制造商吉利奇公司的董事长大卫·古利奇向人们传授做生意成功的要素时说：“你只有喜欢你的工作，你才能快乐地工作。因为这样即使你做了很长时间，也丝毫不会觉得枯燥无味。”

爱迪生就是一个把工作视作游戏的典型例子。这位没在学校待过几天的报童，后来却用他的数千件发明完全改变了美国的工业生活。爱迪生每天都要在他的实验室里工作18个小时以上，连吃饭睡觉也不出来。但是任何人都不会从他的口中听到辛苦二字。他只会说：“我一生中什么苦活累活也没做过，我每天的工作都其乐无穷。”

做自己喜欢的工作，再苦再累也丝毫不觉得，像他这样的人没有理由不成功。

查尔斯·施瓦伯也说过与爱迪生相似的话：“一个人从事他无限热爱的工作，都可以成功。”而一个人如果对自己要做的工作缺乏明确的概念，那么决不会对工作产生热情。

美国家庭产品公司工业关系部副总经理艾德娜·卡尔夫人，曾为杜邦公司雇用过几千名员工。她说：“我认为这个世界上最大的悲哀就是工作中得到的除了薪水之外什么也没有。”她招聘时，经常会遇到一些大学毕业生跟她说：“我获得了某某大学的学士学位(或者更高的硕士甚至博士学位)，请在你们公司选一个适合我的职位。”他们说得理直气壮，但其实根本就不知道自己具体能做什么。所以许多人刚开始时雄心勃勃，但遍历人生风雨的40岁以后却一事无成，最终深陷在痛苦懊丧中无法自拔，还有的甚至精神崩溃。事实上，选择真正喜欢的工作甚至会影响到你的健康。琼斯·霍普金斯医院的雷蒙·皮尔医生，曾花费数年时间作了一项调查，研究人们长寿的原因。他最终把“正确的工作”排在了影响长寿原因的首位。这一结论与卡莱尔的名言不谋而合：“祝福那些找到自己心爱工作的人，他们不需再祈求其他的幸福。”

保罗·波恩是素凡石油公司的人事部经理，他利用20年中至少面试了75万名求职者的工作经验，写了一本名为《获得工作的六个方法》的书。我曾以“现在的年轻人求职时所犯的最大错误是什么”向他请教，他这样回答：“他们不知道他们想干什么。这真是让人吃惊，一个人会费尽心思地选一件穿几年就会破的衣服，但在选择关系他将来命运的工作时却那么马虎草率，他好像不知道自己将来的全部幸福和安宁都建立在它之上。”

菲尔·琼森接受了父亲的建议，到他开的一家洗衣店工作。菲尔父亲非常希望儿子将来接管这家洗衣店。但菲尔因为不喜欢这项工作，所以表现得懒散消极，对工作敷衍了事。看着儿子如此不争气，父亲伤心透顶，他认为儿子的不思进取使自己在员工面前很丢脸。

菲尔的父亲对儿子想去机械厂当工人的想法，非常不理解。菲尔固执地坚持使父亲很是恼火，不过他最终还是穿上了油腻的粗布工作服。这是比洗衣店更辛苦的工作，却是他喜欢的，他快乐地吹起了口哨。他主动选修了工程学课程，研究引擎，安装各种机械。1944年他去世之前，已是波音飞机公司的总裁，并且研制出了“空中飞行堡垒”轰炸机，帮助盟军赢得了第二次世界大战。

做自己喜欢的工作，不要因为包括家人在内的其他人的想法或者意见，就强迫自己改变或者顺从。父母的建议，你要慎重考虑，毕竟他们走过的桥比你走过的路还要长，他们的建议也许对你有所裨益，但是最后的决定权，必须紧紧抓到你自己的手里。因为将来工作时，快乐或悲哀的都是你自己。

前面我已经说了许多选择喜欢的工作的重要性，希望能够引起你足够的重视。现在让我给你提供一些关于选择工作的建议——其中有一些是警告：

第一，认真对待职业辅导员给自己提供的择业建议。特别是要找一位有丰富的职业资料的职业辅导员，并在接受辅导期间充分利用这些资料。充分的就业辅导服务通常需要面谈两次以上，同时千万不要接受函授性质的就业辅导。

第二，避免选择那些竞争激烈并且人满为患的职业。现在谋生的方法多得是，但年轻人意识到这一点的很少。在一所学校内，许多学生只选择众多职业中的少数几种，所以就造成扎堆现象。

第三，避免选择生存概率低的行业。例如，推销人寿保险。在过去20年，贝特格先生一直是美国最成功的人寿保险推销员之一。他指出，90%的推销员首次推销人寿保险时会伤心沮丧，而且他们会在一年之内就放弃。至于那留下来的10个人，只有一个人可以卖出这10个人规定销售额的90%，而另外9个人只能卖出10%的保险。换句话说：如果你去推销人寿保险，那你在一年之内放弃而退出的概率为9：1。即使你留下来了，成功的机会也只有10%而已。

第四，在你决定从事某个职业或行业之前，先花费一段时间全面细致地了解该项工作。具体做法是，你可以去找那些已从事这一行业多年的人士咨询。你一定要清醒地意识到，这些面谈直接影响到你将来的发展方向。这可能就是你人生的转折点。

第五，千万不要这样理解，这一辈子“你只适合一项职业”。每个正常人都可以在多项职业上取得成功，当然也可能在多项职业上失败。

因此，女人们，如果你想获得平安快乐的心境，请一定记住：选择你自己喜欢的工作。

聪明工作
胜过努力工作

如果你是正确的，你的世界就是正确的。知识未必可以创造价值，百分百的态度，却可以让你成为优胜者。态度决定一切。同样的事情，仅仅由于态度的不同，结果就会完全不同。既然我们无法改变工作本身，那我们就改变自己的态度。

夜幕降临，工作了一整天的艾莉丝筋疲力尽地回到家里，饭都懒得吃，就要直接上床睡觉。在母亲的再三恳劝下她才勉强吃了几口。这时，她男朋友在电话里说请她去跳舞。她人立马精神了起来。她三下五除二地冲上楼，换好漂亮的衣服，一直跳到凌晨3点钟才回到家。母亲在家门口迎接她时，发觉女儿一点也不觉得疲倦，事实上她还兴奋得睡不着觉呢！

面对两件事情，艾莉丝的外表和动作看上去竟然有如此大的差异，开始她是真的那么疲劳吗？千真万确，她那时的确是处于极度疲劳状态，因为她厌烦工作。像艾莉丝这样的人在我们的生活中比比皆是，你对号入座了吗？

巴马克博士请一群学生连续做了几个实验，并且事先让他们知道这些实验都很无趣。实验结果是：所有的学生都觉得昏昏欲睡，头痛，眼睛疲劳，容易发脾气，还有几个人甚至觉得胃不舒服。所有这些是幻觉吗？不是。这些学生做过的新陈代谢实验显示当一个人烦闷时，体内血压和氧化作用实际上会降低；而一旦他觉得工作有趣时，整个新陈代谢就会立刻加速，人会充满活力。

当我们做自己感兴趣的事情时情绪会很高亢，很少会出现疲倦的状态。以我为例，我最近在加拿大落基山的路易斯湖畔度假，在克莱尔小溪边钓了好几天鲑鱼。为了钓到鱼，我必须穿过比我还高的树丛，爬过横七竖八倒在地上的原木。这着实很费劲，但在整整8个小时的时间里，我丝毫不觉疲倦。原因何在？因为我喜欢钓鱼，所以我的神经一直处在非常兴奋的状态，再加上还有6条鲑鱼的战绩。

作为一个脑力劳动者，工作超量并非是使你感觉疲劳的原因，恰恰相反你的疲劳是由于工作量的不足。例如你在不断被人打扰的情况下，事先定好的事情一件也没有完成，可是回到家时却比平时还要劳累，而且脑袋疼得厉害。第二天，你的工作效率大幅提升，完成的工作量几乎是头一天的40倍，可是回到家的你却神采奕奕。

这样的经历能够加深我们的理解和体会：我们的疲劳通常不是由工作，而由忧虑、紧张和不快引起的。

《表演船》是杰罗米·凯恩的音乐喜剧，剧中的主人公安迪船长说过一段颇有哲理的话："能做他们喜欢做的事情的人，是最幸运的人。"这种人幸运的动力来源：更有精力，更快乐，而忧虑和疲劳更少。陪着一路絮絮不止的人穿街过巷，你的感觉一定很疲劳；而陪着心爱的情人走10里，或者更远，你只会感到幸福。

在俄克拉荷马州托沙城一家石油公司工作的一位速记员。她每天的工作就是填写有关石油的销售报表。为了提高工作情绪，她决定主动把它变成非常有趣的工作。她是这样做的：她每天先把自己设为竞争者，在早上点出昨天填的报表数量，然后力争在下午超出纪录。结果不言而喻，她成了那个部门中速度最快的。

赞美、感激、升迁、加薪，她并不需要得到这些好处。她需要的是保持很高的兴致投入到工作中去，因为这样可以把一件毫无趣味的工作变得有意思，这样才不会把自己的生命浪费在低落的情绪上。

下面是维莉·哥顿的故事，她也是一位速记员，住在伊利诺伊州埃默斯特市南凯尼沃斯大道473号。她以前很讨厌她的工作，可是现在变了。下面就是她在信中告诉我的故事：

“我的办公室有4位速记员，工作量很大。有一次一个副经理坚持让我把一封长信重打一遍。我坚持认为这封信不必重打，只要略作修改即可。他的话说得很难听，如果我不想干，愿意做的人多得是！万般无奈之下，我开始重新打印这封信。因为我清楚地知道，的的确确是有很多人想做这份工作。我既然做这份工作就一定要对得起人家付给我的薪水，这样想着我感觉好多了。我暗下决心，尽管我不喜欢这份工作，但我要假装喜欢它。

“接着，我发现自己真正喜欢起了这份工作来，与此同时，我的工作效率也得到了大大地提高。而且大家对我的工作评价都很高。后来，我做了一个单位主管的私人秘书，他看重我的理由是我很愿意做额外的工作而且从不抱怨。”

哥顿小姐最后写道：“转变心态能释放出巨大的能量，对我来说这是非常重要的发现。因为它的确创造了奇迹。”

威廉·詹姆斯说：“我们假装勇敢，我们就会勇敢；假装快乐，我们就会快乐。”

几年前，有一个名字叫山姆的年轻车工厌倦了他的工作——整天站在车床旁边做螺丝。他早就不想干了，但是找到新工作的希望又很渺茫。于是他决定着手把枯燥的工作变得有意思。他开始和旁边另一个管机器的工人比赛看谁做出来的螺丝多。管理者对山姆的工作速度和准确度非常欣赏，不久就将他调到一个更好的职位，而这只是一连串升迁的开头。30年后，山姆——塞缪尔·瓦克莱恩——成了包尔温火车头制造公司的董事长。要是他没有想到将乏味的工作变得有意思的话，也许他一辈子只是一名工人。

马可·奥勒留1800年前在他的《沉思录》中说：“我们的生活是由我们的思想形成的。”正确的想法，可以引领你走上正确的道路。姑且不管老板需要什么，只要我们对自己的工作感兴趣就不会有什么坏处。其他的不说，至少你可以很快乐。

女人们，对自己的工作感兴趣能使你不再忧虑，最后还可能给你带来升迁和加薪。即使没有这么好的结果，也可以把你的疲劳降到最低程度，使你充分享受生活。

挥挥手，跟坏习惯说拜拜

有人说：“有什么样的思想，就有什么样的行为；有什么样的行为，就有什么样的习惯；有什么样的习惯，就有什么样的性格；有什么样的性格，就有什么样的命运。”的确，行为习惯就像我们手里的指南针，指引着人的行动，指引着人前进的方向。女人们切记，不要让坏习惯来掩盖你的美丽。做一个完人很难，但只有抛弃不良的习惯，才能使你向完美的人生迈进。

第一种良好的工作习惯：不要把所有的文件都堆在你的办公桌上。

芝加哥西北铁路公司董事长罗南·威廉姆斯说：“一个桌上堆满了很多文件的人，如果能把他的桌子清理一下，只留下正要处理的事情，就会发现他的工作更容易，也更有效。我将这种整理称之为料理家务。这是提高工作效率的第一步。”

讲究秩序应该是我们做事情的首要法则，但在现实中并非所有的人都能做到如此。即使几个星期都不会看的文件，许多普通生意人也会满满地把它们堆在桌子上。新奥尔良一家报纸的老板曾说过一件事，他的秘书在帮他清理一张桌子时，竟然找到了一部两年来一直没有找到的打字机。

不要说去做，就是仅仅看到桌上堆满了的信件、报告和备忘录，就足以使人烦心不已。更为糟糕的是，“有上百万件事情需要去做，可是没有时间去做”的念头压得你喘不过气来，只会使人更加的忧虑和疲倦。

及时清理桌子和迅速做各种决定，这些最基本的事情可以帮你避免心理重压，驱除“必须做却永远也做不完”的感觉。著名精神病专家威廉·桑德尔博士就采用这种简单而有效的办法，治愈了一个精神即将崩溃的病人——芝加哥一家大公司的总经理。他在走进桑德尔博士的诊所时，满脸疲惫，精神就如紧绷着的弦。

桑德尔博士说：“当这个病人正在叙述他的病情时，我的电话铃声响起。对于医院提到的问题，我没有拖延，当场就作了回答。紧接着，第二个电话说的是一件很紧急的事情，我花了些时间和对方讨论。治疗过程的第三次中断，则是我的一个同事为了一个重症患者而来向我征求意见。我和他讨论完了之后，转过身来想向这位患者道歉，可是他却露出久违的笑容。”

“大夫，你根本就没必要向我道歉，恰恰相反，我还要向你表达我的感激之情。”这个人对桑德尔说，“通过刚才那10分钟，我已经找到自己的症结所在。现在我要回办公室，改掉我的工作习惯是治疗我的疾患的最好药方……可是，我有个不情之请，走之前能不能让我看看你的桌子？”

桑德尔博士毫不犹豫地打开他办公桌的几个抽屉，里面空空如也，无非是一些文具。

“你没有未做的事情吗？”

“我都已经处理完了。”

“连未回复的信也没有吗？”

“那些事情也都做完了！”

桑德尔告诉他：“我的习惯是信不回复决不放下。我看过对方的信后，一般都是马上向秘书口述回信。”

一个半月之后，在那位总经理的办公室里，桑德尔博士发现他完全变了。他的办公桌不再堆积着文件，打开他办公桌的抽屉，里面不再有还未完成的工作。

经理说：“一个半月以前，在2个办公室的3张写字台上堆满了需要我亲自处理的文件，我整个人都埋在文件堆里，无论怎样努力事情仿佛都多得永远做不完。从你的诊所出来之后，我回到办公室，迅速清理出了一大车的报表和旧文件。现在我能做到事情一出现就立即处理，所以一张桌子足矣。我也不再紧张和忧虑，完全恢复了健康，这让我很是惊喜。”

美国前最高法院大法官查尔斯·伊文斯·休斯说：“人不会死于工作过度，只会死于精力耗费和忧虑。”是的，精力耗费和忧虑会置人于死地，因为他们的工作似乎无止无休。

第二种良好的工作习惯：根据事情的轻重缓急来安排处理的先后次序，千万不要眉毛胡子一把抓。

市务公司的创始人亨利·杜哈提曾下过断言：“不论他出多少钱都找不到具备两种能力的人：第一，思考的能力；第二，按事情的重要程度来安排顺序的能力。”

查尔斯·卢克曼本来是一个默默无闻的人，在经过12年的不懈努力之后一跃成为董事长，除了10万美元的年薪外，每年还有100万美元的分红。在谈到他的成功秘诀时，他说这一切都归功于自己所具备的两种能力，也就是亨利·杜哈提所说的几乎不可能找到的两种能力。查尔斯·卢克曼说："我每天早上都是5点钟起床，因为我在那时候的思路比其他时间更清晰。那时我可以细致地计划一天的工作，按事情的重要程度来做事。"

通过我的观察，我清楚地知道：一个人做事不可能总是按照重要程度，但是归根结底，有计划做事绝对比没有计划地做事强一百倍。

萧伯纳之所以没有一辈子做一个银行出纳员，而是成为著名作家，这与他遵守先做重要事情的原则密切相关。他每天都坚持写5页文字，足足坚持了9年时间。这一计划和执行计划的决心救了他，虽然他在这9年里每天只有大约10美分入账。

第三种良好的工作习惯：当你遇到迫在眉睫而必须当场做决定的问题时，一定要当场解决而不要拖延。

霍威尔先生曾经告诉我，在他担任美国钢铁公司董事期间，每次开董事会总要耗费大量时间。虽然讨论了很多问题，但是许多决议都无果而终，会后，董事会的每一个成员都得带一大堆报表回家继续研究。

后来还是霍威尔先生提出建议：每次开会只讨论一个问题并做出决定，决不会拖延。霍威尔先生有些骄傲地说："这样做取得了出人意料的成效：所有的陈年旧账都彻底清理干净，工作日历上不再满是字迹。董事们回家后都尽情享受家庭生活，再也不会为没有解决的问题而忧心忡忡。

第四种良好的工作习惯：学会统筹分配、充分授权和加强监督。

很多商人不谙此道，替自己挖下了一个坟墓。因为他不明白把责任分给他人是成就事业的必需，一个人浑身是铁能捻几根钉？事必躬亲者，其结果是一个人深陷于匆忙、忧虑、焦急和焦头烂额中。学会授权绝不是一件轻而易举的事情。我也从经验中了解到，如果授权不当，将会产生灾难。上司要想避免忧虑、紧张和疲劳，授权即使再难，也必须非得这样做不可。创建了大企业却不懂得组织、授权和监督的人，通常会在五六十岁死于心脏病——由紧张忧虑导致的心脏病。

女人们，我们要做习惯的主人，不要让自己成为习惯的奴隶和仆人。要知道，这世上，凡是获得成功的人，都是长期坚持良好习惯的结果。

既要穿普拉达，又能做天使

我们每个人的工作都是我们亲手制成的雕像，是美丽还是丑陋，是可爱还是可憎，都是由我们自己创造出来的，正如我们的人生道路是靠自己走出来的一样。女人通过工作，可以给自己带来快乐，你一定要把握住这个让你继续展示自己魅力和证明自己价值的机会。

斯卡尔·鲁纳德是一位心理学专家，他在调查了2000名男士后得出这样的结果：除了个人收入无法维持家庭收支的男士以外，男士们在结婚以后普遍都希望自己独立地养家糊口，让妻子辞去工作安心地做一名家庭主妇。调查还补充了一点，几乎所有的男士都愿意娶一个在结婚前有工作的女人。

这种现象看起来既矛盾又奇怪，2000名男士给出的解释是这样的：一个不工作的女人说明她有很强的依赖性，也就是说她们不能独立自主。对于男人们来说，这会让他们觉得没有一点儿吸引力。找一个不能独立自主的妻子，对任何一个男人来说都是一件很可怕的事情。

就我个人而言，桃乐丝——我的妻子，她在结婚以前最吸引我的一个很重要的方面，就是她在工作上的出色表现。我们俩婚前就决定婚后她放弃工作在家做好全职太太。桃乐丝充分利用婚前的那段短暂时间，比平时更加努力地工作着。我向她请教个中情由，她解释道："我要在最后的时间好好享受工作的乐趣，毕竟做一个独立自主的女人是一件让人感到自豪的事情。"

的确如此，能够在保持自身独立个性的同时，又能自主地实现自己的价值，这样的女人足可以得到包括异性和同性在内的很多人的认同。著名的人际关系学家康纳德·斯塔克在一本杂志上发表文章说："一个独立自主的女人身上所显露出的那种坚强、勇敢、自信等气质远比那些依赖性过强的女性身上的漂亮衣服和首饰更吸引人。当今美国女性群体中，最有魅力的就是那些能够或是渴望独立自主的女人。而一个女人的独立自主主要体现在工作上。"

很多人都认为女性是社会中的弱势群体，根本经受不住风霜雨雪的考验。这个世界永远都由男人统治，而女人的本分就是好好梳妆打扮自己，将漂亮的容貌展示给男人欣赏，平日里以在家修身养性和相夫教子为己任。美国汤姆斯投资公司财政顾问艾鲁斯夫人对持这种观点的人嗤之以鼻，她曾公开发表过自己的观点："我认为任何一个女人都应该去工作，不管她是什么学历，什么家庭背景。一个妄图将自己的终身幸福都押在男人身上的女人是不会得到幸福的。女人不能把自己的命运交给别人。我一直坚信，只有靠自己努力工作养活自己的女人才是最风光的，一个女人想要掌握自己的命运也需要去独立自主地工作。"

对艾鲁斯女士的这段话，其中一位男士是这样说的："艾鲁斯女士是我见过的女人中最有魅力、最勇敢、最坚强的一个。她的一些优秀品质连很多男人都不具备。她从没想过将自己的命运交到男人手中。我对她佩服得简直五体投地。”另一位和艾鲁斯女士只有过一面之缘的男士这样形容她：“艾鲁斯身上散发出一股迷人的魅力，让人无法抗拒。她的表情充分流露出自己对工作的热情和兴趣。同时，让所有的人都为之折服的更是她那种巾帼不让须眉的精明强干。”

一位女学员曾经希望从我这里得到一些建议，那位女士告诉我她所遇到的烦恼：现在的处境让她不知该如何是好。

原来，结婚之前她是一家商店的财会人员。结婚之后，为了能好好照顾丈夫和孩子，她选择了做个全职太太，毅然辞去了那份工作。日子虽然不富有，但也丰衣足食。可是近期家里却出现了一些意外状况，使得家庭收支吃紧。在这个时候，她特别想再次出去工作，来缓解家里的经济压力。可是她既怕丈夫不同意，又担心自己不能适应工作的需要。一直到来我这里，她还没有和丈夫说过自己的想法。于是，我告诉她：什么事情都只有尝试以后才能知道自己行不行。

那位女士回家后，鼓足勇气向丈夫说出了自己的想法，结果丈夫竟然把她拥抱在怀里说：“亲爱的，你真的想出去工作吗？这简直太棒了，我有这样的想法已经很长时间了，只是一直没好意思对你说。”

丈夫对她说：“我们刚结婚的时候就定好的事情：你照顾家里，我在外面工作挣钱养家。但是，随着生活的压力渐渐变大，我也越来越疲惫，尤其是最近一段时间，我觉得自己快要被压垮了。这个家庭既是你的，也是我的，为它添砖加瓦是我们共同的义务。其实，我早就希望你能在经济上帮帮我，但是我又难以启齿，所以一直保持沉默。说句心里话，亲爱的，家庭主妇的生活让你渐渐脱离社会。

回想你工作时候的那种迷人风姿，真是让我迷恋。”

在培训班中，有一个连续做了10年家庭主妇的女士说：“卡耐基先生，我现在的生活任谁也无法想象有多糟糕，每天千篇一律的生活方式和节奏：起床，准备早点，打扫房间，去市场购物，准备午饭，洗衣服，准备晚饭，收拾房间，睡觉。这一切就如同一块磨石，将我的意志和热情磨得几乎一丝不剩。我把自己局促在完全和外界隔离的狭小空间里，我变得越来越闭塞，现在除了每天照顾丈夫的饮食起居以外，我什么都不知道。以前的我决不是这样的，那时我讲究时尚、追逐潮流。可是现在的我已经颓废得毫无魅力可言，简直就是一个有大脑没有思想的机器了。”

这位女士如今的状况，和她自己有一定的关系，但更为深层的原因是终日在家“工作”。过于单调乏味的生活折磨着众多的家庭主妇们，很多人还会因此患上抑郁症。

有一个作家曾经这样开家庭主妇们的玩笑：“一个做了5年家庭主妇的女士，和一个做了10年以及20年家庭主妇的女士相比，她们的区别在哪里？她们既有相同点，又有不同点。相同点就是她们无一例外的唠叨，差别就是：做了5年的那个会变得唠叨，做了10年的那个会变得很唠叨，而连续做了20年的那个会变得非常唠叨。而职业女性就干练干脆得多。”

我在这里用了大量的文字阐明工作对于女人们的重要性，但我要强调的一点是：你永远不要仅仅为了工作而去工作。工作可以让你充满魅力，可是一份连你自己都不知道在做什么的工作，只会让你和魅力的距离越来越远。

美国家庭产品公司的公共关系副总经理埃德娃·克勒夫人曾说：

“一个人要想将自己融入工作之中，就不要唯利是图地把眼睛紧盯在薪水上。无法融入工作之中，所带来的后果就是你永远也体会不到工作的乐趣。不清楚自己喜欢干什么、能够干什么的人是很悲哀的。因为你自己都体会不到工作的乐趣，所以别人也只能在你身上看到劳碌之中的痛苦。”

女士们，如果你对工作持这样的态度——皱紧眉头，唉声叹气，唠叨抱怨，那么，你再听我一句劝告——放弃吧，不要去工作了！我所强调的工作着的女人最有魅力，与“只要是有工作的女人就有魅力”，是完全不同的两个意思。你不喜欢自己的工作，你在工作的时候就不会感受到快乐，于是不可避免地就会产生一种惰性和敷衍了事的心理。如果真是这样的话，我奉劝你们放弃工作，因为毕竟做一名合格的家庭主妇也是非常重要的。

一个好的妻子可以和丈夫一起支撑起家庭。如果你与丈夫协商一致，再加上你能感受到工作带给你的快乐，我再次建议你把握住这个让你继续展示自己魅力和证明自己价值的机会。因为当我们全身心地沉浸在自己所热爱的工作中时，就会感受到前所未有的兴奋与满足，这种满足便是一种幸福。

只问付出，在抬头前埋头

前一段时间我去纽约拜访了罗琳太太——一个整天生活在忧虑之中，抱怨自己太孤独的老妇人。在到达她家之前，我就已经做好了心理准备，我必须耐下心来去倾听这位女士诉苦，而且我的耳朵还要忍受那些已经讲过很多遍的故事的折磨。但是即使这样，我也必须前往；因为罗琳太太是我的朋友，我必须帮助她从忧虑中解脱出来。

谈话开始了，罗琳太太又给我讲述起她的过去。她不厌其烦地告诉我，在她侄子小的时候，她是怎样尽心尽力地照顾他们，是怎样的百般疼爱他们。

那时候她还没有结婚，但她把自己女性天生的母爱全都给了他们。直到她结婚前，那些孩子都一直住在她的家里。孩子们有病的时候，她无微不至地呵护他们，后来甚至于资助一个侄子完成了大学学业。

每当说到这的时候，罗琳太太总是很伤感地说："他们太令我失望了，因为他们似乎并不感谢我给他们的恩情。你知道吗？我的那些侄子现在根本就不在乎我这个老太婆。他们虽然来看我，但那并不是经常，而且他们从来不像你这样，能够耐心地听我讲完所有的故事。我知道这很烦人，可这一切都是事实啊！那些可怜的孩子从来不考虑我的感受，因为他们根本不认为我对他们有一丝的恩情。”

我笑着看了看罗琳太太，然后对她说：“是的，罗琳，我知道你每天的生活真得很枯燥，所以我这次给你带来了一个很有趣的故事。前几天我在街上遇到了一个朋友，我一眼就能看出来他有心事。当我们在一家咖啡馆坐下来谈话时，他终于把他的心事告诉给我。原来，就在去年的圣诞节，他给他的员工发了10000美元的奖金，每个员工差不多分到了300多元呢。可是，让我这位朋友气愤的是，居然没有一个人说过任何感谢的话。他现在真后悔当初给那些人发奖金。”

“天啊！这是去年圣诞节的事吗？马上就快一年了！”罗琳太太惊呼道，“我觉得你的朋友很不明智，他真的没有必要将一年的时间都浪费在生气上。事实上，他怎么不问问人家为什么不感谢他？也许真的是因为平时的待遇就不高，而且工作时间还很长。再说，也完全有可能是员工把圣诞奖金看成是他们应得的一部分。要是我，我绝对不会那么傻。”

我马上对罗琳太太说：“您为什么不把您的侄子们看成是我朋友的员工呢？”

从那以后，罗琳太太再也没向任何人提起过那些陈年旧事，而且她也不再认为侄子去看望她是一件顺理成章的事。不过，罗琳太太现在变成了一个快乐的人，因为她不再苛求别人感恩。

女士们，我相信你们其实和罗琳太太以及我的那位朋友一样，都希望别人能够对你的付出作出回应，也就是希望别人能够对你感恩戴德。可是我必须很遗憾地告诉女士们，忘记恩情实际上是人类的天性。英国的约翰逊博士曾经说过：“感恩是那些有教养的人才有的美德，你不要去指望从普通人的身上找到。”我想告诉女士们的是：如果你苛求别人的感恩，那么你就犯了一个很常识性的、一般性的错误，因为你真的太不了解人性了。

我不知道对于一个人来说，什么样的恩情能比拯救他的性命更重。我夫人的一位律师朋友莱斯说，她曾经不遗余力地帮助过80个罪犯，使他们免受死刑的惩罚，没有坐上那张可怕的电椅。可是令人啼笑皆非的是，在这80名罪犯中，居然没有一个人曾经对她表示过感谢，就连在圣诞节寄一张卡片都没有。而我夫人却对莱斯说：“你应该知道，耶稣曾经在一个下午让10个瘫痪的人重新站立起来。然而，最后只有一个人回来对他表示感谢，因为剩下那九个人全都跑得无影无踪。”我对我太太的智慧表示钦佩，因为既然圣人都不能得到别人的感恩，那我们这些凡夫俗子凭什么要求那么多。

有必要告诉女士们的是，我很庆幸当初能够及时地帮助罗琳太太改变她的态度，因为她的医生告诉我，她已经患上了很严重的心脏疾病，而且这是情绪性的。也就是说，如果罗琳太太依旧那样孤独和忧虑的话，恐怕我又要失去一位朋友了。

女士们，你们一定想知道应该如何解救自己，如何让自己变得快乐起来。我可以告诉你们一个秘诀，那就是把一切都看得自然一些，不去奢望以自己的力量改变现实。

很多女士肯定会认为我这是一种理想化的想法，是不切实际的，而且对它是否能产生预期的效果表示怀疑。我可以肯定地回答你们，这是使你获得快乐最好的也是最有效的方法。这一点我是有事实为证的，因为我父母就是这样做的。

我父母都是很乐于助人的，尽管我们很穷，但他们每年都要从我们那微薄的收入中挤出一点来救济一家孤儿院。有人可能会认为我父母这么做是为了换取好的名声，事实上他们从来没有去过那家孤儿院。同时，除了会偶尔收到一两封感谢的信之外，从来没有人正正式式地对他们道过谢。但我父母从来没有奢求过什么，事实上他们很快乐，因为他们享受着那种帮助那些无助的孩子们的喜悦，但却从不苛求得到什么回报。

后来，我从家里出来了，到外面开始工作。我每年在圣诞节前后都会给我父母寄去支票，虽然那些钱并不是很多，但我只是希望能够让我父母买一些他们喜欢的东西。可是我惊讶地发现，他们并没有花这些钱给自己买任何东西，而是将钱换成了日用品，送给了那家孤儿院。当我问起他们为什么这么做时，他们告诉我，付出却不要求回报，这是他们认为的最大的快乐。

我越来越体会到，我的父母拥有伟大的智慧和高尚的人格，因为他们清楚地知道，要想使自己得到真正的快乐，那么就永远不要有想让别人感恩的念头，因为享受付出才是最快乐的。

实际上，有一点我是非常清楚的，那就是很多女士的抱怨都来自他们的孩子。因为对于母亲来说，子女不知道感恩是最令人痛心的事。如果我还在这里说忘恩是人类的天性，可能会显得有些不近人情，但我也必须告诉女士们，感恩的心是温室里的花，必须通过精心地培育才能成长起来。因此，作为母亲或是长辈的女士，你们有必要教育你们的孩子，让他们学会感恩，因为孩子必定是你造就的。

我的姨母是一个慈爱的母亲，也是一个孝顺的女儿。她从来没有和任何人抱怨过，说她的儿女如何不孝，如何不知道感恩。然而事实上，我的这位姨母已经自己居住了二十几年，但她的几个孩子都非常欢迎她，时常邀请她到家中居住。不过，子女们对我姨母这样并不是出于什么感恩的心，而是完全出自真正的爱。事实上，孩子们这种真正意义上的爱是从我姨母身上学来的。

我记得那时候我还很小，姨母就把她的母亲接到家中照料，同时还必须要照料她的婆婆。那些场景我到现在都不会忘记。两位老人安静地坐在壁炉前，默默地享受着生活。我必须承认，老人给我姨母添了很多麻烦，但我姨母从来没有一丝的厌烦，而是真心地对她们嘘寒问暖。事实上，那时候我姨母还必须分出很大一部分精力去照顾那几个孩子。但是，我姨母从来没有要求她母亲、婆婆或是孩子们感恩，因为在她看来，自己做的不过是应该做的事而已，这一切都是很自然的，也是她很愿意的。

我和女士们讲述这个故事的用意就是想要告诉你们，寻求快乐的最好途径就是不苛求别人感恩，只有把一切都看成是爱的付出，看成是最自然的事情，才会让你体会到人生的真谛。

女士们，这个故事实际上还传达了另外一种意思，那就是当你要求别人感恩的时候，你首先要做的就是让自己拥有一颗感恩的心。

很多女士在孩子面前很不注意自己的言行，经常诋毁他人的善意。新泽西有一个寡妇，她和她前夫已经有了三个孩子。丈夫死后，这个寡妇嫁给了一名普通工人，并且把自己的孩子也都交给了他。这名工人很辛苦，他一周的薪水不过才40美元。为了帮助寡妇的孩子上大学，他四处借钱，欠了很多债。尽管工人的生活很困苦，但他从来没有过一句怨言。

可是，有谁感谢过他吗？不，没有！他的所谓的太太把他的付出当成理所应当，经常在她的孩子面前说："这一切都是他应该做的，因为那是他的义务。"

后来，当这个寡妇老的时候，丈夫先一步离开了她，而她的三个儿子也都拒绝赡养她。当她哭哭啼啼地指责那些孩子不知道感恩的时候，孩子们给她的回答却是："我们为什么要感恩？我们都知道你确实是很辛苦地抚养我们，但难道那些不是你应该做的吗？"

这个寡妇犯下了一个相当严重的错误，那就是她不应该当着自己孩子的面对别人的付出表示冷漠，这样使得她的孩子不知道什么叫做欣赏和感激。我想，这个寡妇是世界上最不快乐的人，因为她在自己没有感恩的前提下，去要求别人感恩。不过，即使她对丈夫的做法心怀感激，她也不应该去苛求孩子们感恩，因为求得快乐的唯一途径就是不苛求别人感恩。

让女人受益一生的幸福课：

- 工作是对生活和健康最有效的补品。工作不仅使女人变得独立自信，而且还使她们保持自己的青春活力，更加富有魅力。
- 女人也可以拥有属于自己的事业，在围着丈夫孩子转以外还可以做自己喜欢做的事情，享受更加广阔的人生。
- 习惯好坏决定着人幸福与否。女人要想做到家庭事业双丰收，就要成熟起来，勇于面对自己的问题，承担自己的责任。

第七课 在与人交际中，不做带刺的玫瑰

人的一生要有很长的路要走。幸福的时候，我们需要朋友来分享，患难的时候，我们更需要朋友来安慰。因此，我们的人生需要友情，需要真正的朋友。

交朋友要交心，对待人要用情

每个人都想拥有朋友和得到朋友的关爱，但这些都不是凭空而来的。假如你想得到别人的拥戴，一定要先让对方感受到你的真诚。

只有15岁时，我就梦想自己能写出一部美国最伟大的小说。我甚至还想象：《星期日周报》上有对我的专访，到处都是鲜花与掌声。这样的想象力大大满足了我的虚荣心。但是我从未想过要靠付出血汗和泪水去实现梦想。这应该是我直到现在还没有写出美国最伟大的小说的原因。其实对于任何意义上的小说，我也没做过任何努力，因此，成功也就无从谈起了。

年少时的幼稚尚情有可原，年长之后仍然如此思考问题和对待人生便是愚蠢。好莱坞有一部无声电影，其中一条名叫“闯哈特”的狗因为这部电影而一举成名。它的主人J.艾伦·布尼，通过观察狗，写了一本书——《给闯哈特的信》，这本书十分畅销，引起了公众的瞩目。在这本书中他着重强调了这样一个主题：狗为了爱，或是纯粹为了享受工作的乐趣才很愿意听从主人的命令，愿意在主人的指令下表演，而且表现得十分出色。他在书中特别指出动物们绝非是为了奖赏才做这些事情的。

布尼先生还写过这样一个故事：一个年轻的舞蹈演员有一次上台试跳的机会。如此难得的机会摆在眼前，她害怕自己不会成功而紧张得不得了。布尼先生耐心地劝慰她："想也没用，所以不如不想。你只是为了爱，为了上帝才从事跳舞，你并非为了跳舞而跳舞，姑娘去跳吧！"结果她取得了最终的成功。

威廉·奥斯乐爵士说："对于未知的未来，我们大可不必投注过多的精力，我们最应该做的是把握现在，从此刻起做自己力所能及的事。"

作家荷马·克劳依对人热情坦诚，我很幸运能和他成为朋友。遇到他的人只要和他共处15分钟，就会被他的真诚和坦率打动。年轻英俊跟他毫无瓜葛，他更没有多少钱，但是他能让所有认识他的人都能明显地感受到：他喜欢他们。因此，他成为人们最受欢迎的客人。"荷马·克劳依会来"这句话就像一大块诱人的奶油蛋糕，朋友们喜欢与他交往，他的太太、女儿和外孙更是爱他爱得不得了。

他生活得很幸福，其中的秘诀也很简单：发自内心地爱别人。再简单的事情不去实践也变得十分复杂，关键是得主动去做。身份、地位等等都与他的人生哲学毫无干系。他基本上不谈自己的事情，总是发自内心地关心别人，比如是从哪里来的？做什么工作？是否结婚？他并非无所事事，而是他想多了解一些别人，他想和陌生人成为朋友。

大使约瑟夫·格鲁说："外交的秘诀可以简单归纳为5个字——'我想喜欢你'。"荷马·克劳依做得比大使先生说得还要好。

通用机械公司董事会的主席布里斯先生说：“我经常叮嘱我们负责销售的工作人员，如果我们每天早晨都这样想‘今天我要尽我最大努力帮助更多的人’，而不是‘今天我要尽力多卖一点东西’，那么，你同客户打交道就是一件轻而易举的事情，打开局面也就水到渠成，你的工作业绩就会大大提升。所谓的出色的销售人员就是那种把客户看成是兄弟，真正帮客户生活得更幸福快乐的人。”

在不断学习的过程中，我才真正认识自己：我是胆小而怕事的人，甚至连许多平凡的人都怕，更不要说在公共场合的演讲了。几年前在作一个演讲前，我一刻都不能安宁，一直提心吊胆地认为那些听众会很挑剔。我有些神经质地问一个朋友：“如果我的说法被他们否定了，我应该采取什么办法？或者他们讨厌我，又该如何应付？”

她说：“你完全没有必要奢望他们会喜欢，你只要知道自己想为他们做什么，并且你认为你要讲的东西是很重要的就行了。”

我自信地认为自己要讲的东西很重要。她对我说：“有这一点作保证，其他的事情对于你的演讲来说都无足轻重。别人对你的看法不要放在心上，你所要做的就是把自己的想法充分表达出来。在你把想法说清楚的前提下，任何人不喜欢你都没关系，最重要的是你已经顺利成功地完成了你的工作。”

如今每次演讲前，我都要事先叮嘱自己，努力把讲话的观点准确无误地传达给听众，让他们愉快地接受。这样的叮嘱使我受益匪浅，所以我的演讲每次都可以很成功地完成。

我对友情的看法与上面的观点密切相关：同别的方面所取得的成功相似，只有给予才能有所收获。友情不能靠诱惑，只能努力去争取。赢得友情的决定因素是你是否愿意为他人付出，特别是为他人献出自己的关爱、兴趣和注意力的愿望达到何种程度。

在生活和社会实践中我们不难发现：随着社会的现代化，特别是科学文明的发展，那些流传了几千年的基本准则，非但没有退出历史舞台，反而越来越为人们所重视。

A.E.豪斯曼是英国最伟大的诗人、评论家、演讲家和教师。他曾经严肃地说过："我始终坚持这样的观点，从古至今，'拥有生命的，将要丧失生命；为我丧失生命的，必将拥有生命'才真正是人类精神的最至为深刻的真理。"

在人际交往中我们要取得成功，就必须秉持这样的态度：莫要索取，坚持付出。仅仅有一颗黄金一样的心是不够的，更要在必要的时候能够率先肯贡献出我们黄金般的心。人际关系体现着我们人格的成熟程度。我们任何时候都不要只想到自己，尽力考虑到他人的感受，并保持彼此之间的密切联系。

找准对方的情感软肋，一举夺得人心

有人说："生活中没有友谊，就像地球失去了太阳。因为太阳是宇宙赐予我们最好的礼物，而友谊则可以给我们带来最大的快乐。"女人的一生离不开友谊，但要得到真正的友谊是很不容易的；友谊需要忠诚去播种，用热情去灌溉，用原则去培养，用谅解去护理。

一到夏天，我最喜欢的休闲方式就是去缅因州钓鱼。草莓和奶油是我的最爱，可是鱼爱吃的却是小虫。所以，我要想满载而归，就不能考虑自己的需要，而要使劲地思考鱼儿最喜欢吃什么。我嘴里美美地享受着草莓或奶油，手却在鱼钩上挂一只蚯蚓或蚱蜢。

"想要让鱼咬钩，就得给它合适的饵。"在与他人交往的过程中，你只有关注别人的需求，才能吸引别人的注意力。

爱默生和他的儿子想把一头小牛牵入牛棚，他们采取了这样的方法：儿子在前面使劲拽，父亲在后面用力推。但这头小牛丝毫没给这对父子哪怕是一点面子，它倔犟地绷紧双腿，无论如何都不肯离开原地。最后还是一个爱尔兰女佣解决了他们所遇到的难题。她抓一把青草放进小牛的嘴里，从而让小牛乖乖地进了牛棚。爱默生他们只考虑到自己的想法而根本没有顾虑牛的想法。而女佣虽然对写散文和书一窍不通，但是此时此刻她比爱默生更懂得这头小牛的需求。

关于人际交往的艺术，亨利·福特曾有一个好的建议：如果成功有秘密的话，那就是具备一种能站在对方的立场、从对方的角度而不是你自己的角度去看事物的能力。"

此言精彩之至，所以我需要在此重申一下：任何人成功的秘密就在于一种站在对方的立场、从对方的角度而不是你自己的角度去看事物的能力。

这是一个浅显易见的道理。可是，世界上90%的人在90%的时候都会疏忽这件事。因为这个世界上的利己主义者多，从而使少数能无私地为他人服务的人就拥有了强大优势。美国知名律师和商业领袖欧文·杨曾说过："一个人若能站在别人的立场来了解别人的内心，他就无须担心自己的未来。"

有个年轻人劝说别人下课后跟他一起去打篮球："我想玩篮球，你们就跟我一起去吧。每次去体育馆的人数很少，不能分两队抗争。有一天晚上，由于人数少得可怜，我们两三个人只能做传球游戏……即使这样，我的眼睛还被不小心打紫了。不过我想打篮球，我希望你们明晚来。"这个年轻人的话语中只为自己考虑，只想到自己的需要。完全不懂得关心别人的需要。

有一位叫达奇曼的学员是一位电话工程师，他的烦恼是他3岁的女儿从来不愿吃早餐，采用了很多办法都无济于事。所以，怎样才能使她自愿去吃早餐成为一个让父母头疼的问题。

但是女儿总喜欢仿效母亲，以期获得自己已经长大成人的感觉。据此，一天早上，父母让她自己做早餐，以便来满足她的心理需要。她指着自己的劳动成果高兴地喊道："快看啊，爸爸正在品尝我做的早餐。"就这样，这天早上，小女孩狼吞虎咽地吃了两大碗。因为她获得了人们的重视，又找到了一个证明自己的机会。

威廉姆·温德说过："人性最主要的需要是表现自我。"所以女人们要时时刻刻记住：激发别人的渴望，就能左右逢源。

做温柔如水女人，牢牢吸住周边人

与人交往的过程中，假如你想让别人喜欢你，假如你想对自己和他人都有所帮助，那就请记住：真诚地去关心别人，关注别人的需求。

母鸡要下蛋，母牛要产奶，金丝雀要唱歌，这些动物只有付出才能够生存。

小时候，父亲花了50美分买了一只黄毛小狗送给我，我给它取名叫“蒂比”。它让我的童年充满了欢乐。每天下午一到我放学的时间，它便一动不动地坐在家门口，直勾勾地望着我每日必走的那条小路。它的耳朵极为敏锐，听到我的声音后，它就会像箭一般快速地窜到我的身边，又是跳，又是叫……

5年时间，我和蒂比成为最亲密的朋友。在它不幸被雷电击死后，我经常想起它对我的好。它是我最忠实的朋友，因为它眼里装着我的喜怒哀乐。但要一个人对另一个人做到这一点却十分困难，因为人们只关心自己，只想着要求别人对自己如何，他们决不会认真思考应该对别人怎样，所以很少去关心别人和关注别人感兴趣的事情。

纽约电话公司曾经做过一项详细的调查：在电话交谈中，使用最频繁的字是什么？也许你很容易就猜出了答案：那就是“我”字。据统计，500次电话谈话中就用了3990个“我”字。当你欣赏一张包括你在内的集体照片时，你最先看到的一定是你自己。这说明我们最在乎的人是自己，我们只是希望引起他人的关注。眼中只有自己的人最后的结局是：永远也不会有很多推心置腹的朋友。

维也纳著名的心理学家阿德勒在一本叫《生活对你意味着什么》的书中写道：“一个对别人漠不关心的人，他的生活一定会遇到很大的困难，同时也会给别人带来极大的伤害。所有人类的失败都是因为这些人才发生的。”

我曾在纽约大学选修过短篇小说的写作课程，有一位给我们讲课的著名杂志的编辑说：“数十篇小说摆在我面前的桌子上，我只要从中任意捡起一篇随意看上几段，就可以判断出作者是否关心他人。”他又接着总结说道：“如果那作者不关心别人，那么人们也不会喜欢他的作品。”

这位见多识广的编辑曾经坦诚地向我们道歉，并且在讲课的过程中两次停下来，只是因为他的演讲内容跑题。他说：“永远不要忘记：先对别人产生兴趣，是你做一个成功的小说家的前提。”

写小说的秘诀尚且如此，那么在社会交往中就更应该这样去做了。

塞斯顿是位家喻户晓的魔术大师，我趁他在百老汇演出时去拜访他。他说遨游世界40多年，为观众表演一个又一个的奇迹。全世界有6000多万人看过他的表演，给他创造了200多万美元的财富。

每次上台表演前，他总是这样叮嘱自己："我要怀着感恩的心情进行我的表演，我那舒心的生活完全得益于这些热情的观众，所以我一定要尽自己最大的努力。"

罗斯福总统威名远扬的秘诀与这位魔术师不谋而合。他的侍从——詹姆士·E.爱默斯写的《西奥多·罗斯福——侍从心目中的英雄》一书中，讲述了这样一个故事：

"有一次，我妻子向总统请教美洲鹑鸟的问题。鹑鸟对她来说是个陌生的物种，她急于想知道它的样子。日理万机的罗斯福总统没有不屑一顾，而是不厌其烦地向她一遍又一遍解释。没过几天，罗斯福总统直接把电话打到了我的家里，我妻子接的电话。总统告诉她，现在赶紧看看窗户外面，树上正有一只鹑鸟在唱歌呢。正是这些微不足道的小事，才处处显示出总统的优秀品质。每当总统经过我家时，即使没有看到我们，他仍然会大声叫着：'嗨……爱默斯！''嗨……安妮！'他认为这是他向我们表达问候的最好的方式。"

有一次，罗斯福拜访白宫时，塔夫特总统和夫人已经外出，他向白宫里所有的佣人打招呼问好，甚至连洗碗女工也没落下。对于这件事，阿基切·巴特是这样描述的："当他看到女佣人爱丽丝在厨房时，他问她是不是还在做玉米面包。爱丽丝告诉他，有时候做那种面包，但楼上的人都不吃了。罗斯福听了大声说：'那是他们没有口福。'"

结合总统先生威名远扬的秘诀和我自己多年的个人经验，我总结出：只要真诚地关心别人，任何人都会关注你并且愿意与你合作。

世界上所有的人都认为威廉二世是一战的罪魁祸首，成千上万的人憎恨他，恨不得把他碎尸万段，连德国人都对他置之不理。所以战争一结束，他就逃到荷兰避难。

愤怒的人群之中有一个小男孩，他给德皇写了一封信，简短的信中提到：别人的想法他管不着，但他真心诚意地认为威廉二世永远都是国王。被这封信深深打动的德皇邀请小男孩前来相见。在母亲的陪同下小男孩兴致勃勃地来了。后来孩子的母亲嫁给了德皇。这就是关心别人所结的善果。

许多年以来，我一直想方设法记住所有朋友的生日。如果朋友告诉我11月24日，我就会反复地提醒自己“11月24日、11月24日，永远记住，不要忘记。”紧接着我就把姓名、生日记在随身携带的日记本上，回家后再马上记到一本生日录上。到了某人的生日时，我就会用自己的方式向他表达诚挚的祝贺。过生日的人肯定非常高兴，因为这个世界上只有我能记住他的生日，我也便成为了他的好朋友。

用最真诚的心去面对他人，你的朋友便会越来越多。即使接到陌生人的电话，你也应该热情礼貌地说你好。

在纽约市一家极具声誉的银行里，查尔斯·华特被银行派去调查一家公司，并且要写出该公司业务情况的秘密报告。要完成这项工作任务，需要这家公司的一个经理的帮助，因为这个人的手中有他急用的资料。在华特去拜访那位经理的过程中，他的女秘书无意间透露出他的儿子喜欢邮票。第一次去拜访那位经理时，对于华特的来意和他提出的问题，那位经理都巧妙地避开了。不言而喻，这个经理不想帮助他。

华特后来给我们讲这个故事时说：“说句心里话，我当时已经束手无策了，可是猛然间，我想起他的秘书跟我说他的儿子喜欢收集邮票。而且我还知道，我们银行的国际部收集了大量的、来自各个国家寄来的信件上的邮票。

“在第二次去拜访那位经理时，我特地给他的儿子带来了很多外国邮票。他的笑容彻底打消了我的忐忑不安。‘乔治一定会喜欢这一张，’他看见邮票后不停地说，‘看这张，这张。’

“在之后半个小时的时间里，我们谈论的话题只有两个：邮票和他儿子的相片。后来自然而然地他告诉我他所知道的一切，而且还找来下属员工，向他们询问相关问题，还给他的几个合作伙伴打了电话。我得到我所需要的一切，不过是用了一些邮票。因为我满足了他关爱儿子的情感需求。”

古罗马一位著名的诗人帕利里尤斯·塞洛斯就曾说过：“我们先要关心别人，别人才会关心我们。”女人们，如果你想得到别人的喜欢，交到真正知心的朋友，如果你想在帮助别人的同时也使自己得到帮助，那就去真诚地关心别人吧！

笑一笑，
年轻又美貌

快乐不依靠外部条件，而在于人的内心。每个人的喜怒哀乐都源于其内心的想法。如果你希望别人以热情愉快的态度来接待自己，那么首先你自己要用这样的态度去面对他人。

在纽约的一个晚宴上，众多宾客中有一位刚继承了一大笔遗产的妇人。她似乎急于给人们留下一个深刻的印象，因此，她花了很多钱买貂皮大衣、钻石和珍珠。可是百密总有一疏，而且这个疏忽还是致命的——她忽略了自己脸上的表情。华丽的服饰丝毫没有掩盖住她脸上流露出的乖僻和自私，她根本就没有注意到：一个人的表情远比一个人的外表更加重要。

查尔斯·施瓦伯曾说过他的微笑值100万美元。这绝非夸张，只能说明他已经悟透了上面这个真理。他所取得的成就，与他的人格、魅力和他那种讨人喜欢的能力息息相关，特别是他那令人倾心的微笑。

什么是真正的笑容？真正的笑容是一种发自内心的、像阳光一样给人以温暖的笑容，这种笑容在市场上一定是无价之宝。一位人事经理说过，他选用人才的标准与众不同，如果一个小学没有毕业但是一脸笑容的女孩子和一个冷若冰霜的哲学博士同时来面试，他宁可选择前者而将后者拒之门外。

如果你希望得到别人的尊重，那么你就要先尊重别人；如果你希望别人以热情愉快的态度来接待自己，那么首先你自己要用这样的态度去面对他人。

我曾经向成千上万的人提出自己的建议，希望他们每时每刻都向他人展示绽满笑容的面庞。在培训班中我也向学员提出同样的要求，并且一再强调他们一星期后回班上汇报这样做的效果。一位纽约证券交易所的斯坦因·哈特先生，在来信中所说的情况是上百个案例中最典型的一个。

他来信内容如下：

“在与妻子共同生活的18年间，我极为吝惜自己的微笑，所以很少向太太展示。我自己经常徘徊在百老汇的街头不愿意回家，在茫茫人海中我觉得自己是最不快乐的人。

“听了您的建议后，我下决心决定尝试一星期。我对着镜子里自己那张严肃得快要结冰的脸孔说：‘比尔，你今天要一扫脸上的阴霾。你必须要展示出一副笑脸来，就从现在开始。’结果是我真的做到了。当我坐在早餐桌旁时，带着满脸的笑意向太太问候“早上好，亲爱的”时，她的反应不只是惊奇，还很惊恐。她以为我得了什么绝症。我向她承诺：以后她每天都可以得到类似这样的问候。

“接下来的一段时间，我的此种做法给我的家庭带来非常多的欢乐，这是我在过去的一年中不曾体会到的。我的微笑并不仅仅只给予妻子。在上班时，我用微笑跟电梯员和守卫打招呼。在地铁站的小店里换零钱时，我对收银员也示以微笑。总之，我做到了对所有的人示以微笑。没用多长时间我就发现，映入我眼帘的是越来越多的笑脸，每一个见到我的人都向我投来微笑。我还发现，微笑源源不断地给我带来了财富。

“有一次我在办公室里和一个年轻人探讨人际关系学。那个年轻人坦诚地告诉我，说他刚开始对我的印象不是很好（当然，这是委婉含蓄的说辞），但是现在他改变了对我的看法，他说我很有人情味。

“我不再批评任何人，说话交流的时候，我不再以自己为中心，而是开始更多地关注别人的想法。如此一来，我的生活发生了翻天覆地的变化，我现在可以自信地说自己是一个快乐而富有的人。我现在才清醒地意识到，友谊和快乐是我生命中最宝贵的财富。”

心理学家威廉·詹姆士说：“行动似乎总是追随着一个人的感受。可是，真正的行动是和感觉共存的，和人的感觉比起来，人类的行为更直接地受控于意志。人们可以通过对行为的直接调整而间接地调整自己的感觉。”

莎士比亚曾说：“好与坏无从区别，那是每个人的想法使然。”这是经过实践检验过的真理。我最近经历的一件事就是一个极为有力的明证：

有一次，我在纽约长岛车站的石阶上，看到几十个行动不便的残疾孩子，他们拄着拐杖每走一级石阶都要付出极大的努力，有个失去行动能力的男孩甚至必须由别人抱着才能上去。但他们灿烂的笑容使我的内心受到了极大的震撼。这些孩子们的老师说：“当一个孩子意识到他将终生残疾时，起初，他会非常震惊。可当他们在困难中学会了坚强后，便会服从于命运的安排，面对现实，开始像正常的孩子一样快乐生活。”

哈伯德的至理名言——千万要铭刻在心，你必须真正努力地去实行，否则，他的话根本无法使你受益匪浅。他是这样说的：不管何时，当你外出时，请微收下颌，抬头挺胸；呼吸着阳光，向朋友们微笑致意，真诚地握手。别怕误会，别浪费时间去想你的仇敌。试着在你的心目中确定你喜欢做的是什么，然后没有任何顾虑地向目标前进，把自己的精力集中在那些伟大而美好的事情上。随着时光的流逝，你会发现自己已经不知不觉地抓住了你渴望的机会。坚定的信念会把你塑造成一个有能力、有热情的特殊人才。保持一种正确的心态——勇敢、诚实、乐观。正确的思想能启发创造力。我们将成为忠于自己心灵的人。下颌微收，抬头挺胸，我们就是明天的主宰者。

数年之前，纽约市的一家百货商店在面向大众的广告中，写下了下面这段朴实而有哲理的话：圣诞节的一笑本无价：它无须破费，却能创造多多。它使获者多多益善，施者毫发无损。它发于一瞬之间，存于海枯石烂。富人不再贪得无厌，穷人从此知足常乐。家庭的快乐使者，生意场上的友好伙伴，朋友间的善意天使。疲惫者不再疲惫，失望者不再失望。阳光给悲哀者永生的力量，自然从此不再凄凉。它，买无处买，求无处求，借无法借，偷不能偷。就是这样一种感觉，莫要等到失去了才觉得珍贵。圣诞节的忙碌，绝对不会降低我们微笑的质量。我们的店员因太疲倦而亏欠你的微笑，希望您能用您的微笑偿还。”

女人们，微笑是取之不尽的财富，让我们做一个慷慨的微笑者吧！

两只耳朵听话，一张嘴说话

那些只谈论自己而不愿意倾听的人永远是自私的，只为自己着想的人是无知而不可救药的。如果你想成为一个受人欢迎的人，就要先做一个认真的倾听者，要知道，对别人感兴趣，别人才会对你感兴趣。

在一次桥牌聚会上，我和其中一位女士都对打桥牌一窍不通。这位女士对我有所了解，知道我曾做过托马斯先生的私人经理，还知道托马斯先生曾在欧洲各地旅行，而我则是帮他记下沿途所见所闻的人。于是她恳请我能给她讲讲自己所欣赏过的名胜古迹。

我没有拒绝的理由。当我们在沙发上坐下后，我思忖该从何处讲起。没等我开口，她便接着提到，说她最近跟她丈夫刚从非洲回来。“非洲？”我惊异地说，“那可是一个充满神奇的大陆啊！我一直想去那里，可始终没能实现这个梦想。你真是个幸运儿！您能给我讲讲那个伟大的地方吗？”

在将近一个小时的交谈中，她不再问我有关欧洲的事情。我知道她并非不想听我谈论，但她更渴望做一个倾诉者，更需要我成为她的倾听者。

在纽约出版商举办的一次晚宴上，我曾遇到一位著名的植物学家。以前我从未和植物学家有过任何交往，所以我着迷地坐在椅子上听他讲有关奇异的植物、培育新品种植物及布置室内花园等事（他还告诉我关于粗糙马铃薯的神奇故事），他滔滔不绝，而且很专业。对于我提出的小型室内花园的几个小问题，他都一一做了解答，并且非常热心。

午夜的钟声已经敲响，当大家相互说晚安并准备离开时，这位植物学家在主人面前极力夸奖我，给我冠了“最活跃的人”和“最风趣健谈的人”两个美丽的称号。

风趣健谈么？我自己可不这么认为，因为我几乎没说什么话。谈到关于植物学的知识，作为门外汉的我根本无从谈起。但是，我做到了全心全意地倾听，这使他对我有很好的印象。一方面因为我对谈话内容真的很感兴趣，所以就能专注地倾听，另一方面是出于对他的礼貌和尊重。由此而知，这种倾听是我们能给予别人的最高赞美。

《爱在异乡》是伍福特的作品，他在书中说过：“很少人能抗拒全然的注视，这是一种含蓄的恭维。”对于这一点，我自认为做得比他说的还要好，我给予他人的“发自内心的赞赏和慷慨的赞美”远远超过这种全然的注视。

爱利奥特——哈佛大学前任校长，在谈到关于商业洽谈成功的秘诀时说过：“一个成功的商业洽谈没有什么神秘的诀窍……专心倾听讲话人的谈话是非常重要的，这比任何恭维的语言都有效。”

多年以前，纽约电话公司碰上一个难缠的顾客。他诅咒公司的工作人员，威胁要所有的人难堪。他的无理取闹不仅仅停留在口头上，甚至还采取了行动：拒绝去付他认为有误的电话费，写信给报社，向公共服务委员会提出无数次的抱怨，起诉电话公司。

万般无奈之下，电话公司派出一位优秀的“纠纷调解员”，让他主动上门去拜访这位厉害的顾客。这位“纠纷调解员”一言不发地坐在沙发上，只是竖着耳朵在那儿静静地听着，并不失时机地回答：“是！是！”对他的委屈表示深切的同情。

这位“纠纷调解员”后来在我的讲习班上讲述了他那天的经历：“我耐心听了他近3个小时的抱怨，后来我又去他那里拜访过4次。在第4次拜访即将结束时，他正式邀请我成为他创立的组织“电话用户保障会”的一名特级会员。至今我仍是这个组织里的会员，而且据我所知，我是这个世界上除这位老先生外唯一的一名会员。

“连续的几次访问，我只是静静地倾听和表示同情。之前之所以没能解决问题，是因为电话公司的工作人员没有一个人这样跟他交流过。在前3次的会面中我提过此行的目的，他没有表态。第4次的拜访让我彻底地解决了这场纠纷。他不仅偿清了所有账款，还撤销了对电话公司的投诉。”

毫无疑问，这位厉害角色把自己看作是保障公众权益的神圣代表了，但他真正需要的是受人尊敬和重视。而这位精于此道的“纠纷调解员”很好地满足了他这种心理需求，所以他腹中的那些委屈也就烟消云散了。

美国新闻界历史上最成功的杂志编辑之一——爱德华·博克，多年以前，曾经是个家境贫穷的小男孩。他每天放学后会做一些简单的零工以贴补家用。他一生所受的学校教育总共不过短短的6年时间。

他在13岁时离开学校，在一个西联机构里充任童役，但他一刻也没有放弃过学习。他想方设法地进行自我教育。他用积攒起来的钱买了一部美国名人传记。他对这本书做了深刻细致的研读，之后他写信给传记上的每位名人，希望自己能够多了解一些关于他们童年的事情。他给当时正竞选总统的吉姆士将军写信询问他：你真的做过运河上拉船的童工吗？吉姆士即在百忙之中给他写了回信。他写信向格雷将军征询有关一次战役的情形时，这位将军在回信中认真细致地为他画了一张详细的地图，并且与这个14岁的小男孩共进晚餐，之后他们又畅谈了一夜。

除了这两个名人外，这个原来在西联机构送信的信童还与爱默生、布罗斯、朗菲洛、林肯夫人、路易斯、休曼将军、杰弗森·戴维斯等著名的人物通信。在通信联系的基础上，他还利用假期去拜访其中的数位，并成为那些名人家里颇受欢迎的客人。他的自信心就是在这种经历中磨炼形成的，这改变他以后的人生轨迹。

采访过上百位名人的记者艾萨克·F.马可逊曾经谈道："很多人之所以无法给别人留下良好的印象，是因为他们没有认真地倾听。他们总是极为关注自己接下来要说的，以至于没有注意倾听别人说的话……许多著名人士曾对我说，他们更喜欢善于倾听的人而非健谈的人，但与其他美德相比，拥有这种倾听能力的人似乎少之又少。"

在南北战争战事严峻时，林肯专门请伊利诺伊州春田镇的一位老朋友来华盛顿，还特意强调说是想与老朋友讨论一些问题。在他的办公室里，林肯向这位昔日的老邻居说了关于发布《解放黑奴宣言》的必要性。在林肯自己滔滔不绝地说了几个小时后，就主动与他握手告别，客客气气地送他回家。在老朋友的倾听和见证下，林肯通过自己跟自己讨论的模式，彻底理顺了思路。此时此刻的林肯已经不需要任何建议，他需要的只是一个不会打断他发表见解的倾听者。

相反，如果你想使某个或者某些人离你远远的，甚至在背后辱骂你，那下面这个办法绝对屡试不爽：永远不要仔细听人家讲话，不断地谈论你自己。当别人正在讲话时，你不要等对方把话说完，就上前马上打断他。

你也许会怀疑，世界上有这样的人吗？我可以很肯定地告诉你，绝对有（我遇到过），更为可悲的是，有些还是社交界的名人。自私心、自重感完全卡住了他们心灵的通道，所以他们渐渐失去了人心。

所以，女人们，如果你想成为一个受欢迎的人，就要先做一个认真的倾听者。

待人接物，好姿态胜过好身材

我心里一直都认为，不管出于什么原因，解雇一个人始终都不是一件令人愉快的事情。因此，我很少会主动地解雇帮我做事的职员，除非他们已经找到了更好的出路。然而，三年前，我却亲自解雇了一个为我工作了三个月的秘书。当然，我也是很不情愿才这样做的。

在这里，我不想提起这位小姐的名字，因为这可能会伤害到她，所以我们就称她为H小姐。坦白说，这位H小姐很有能力，会英语、法语、西班牙语和德语四门语言，而且还写得一手漂亮的好字。不光这样，H小姐还有着迷人的外表、高贵的气质。单从这些条件来说，H小姐应该算得上是最棒的秘书了。的确，我必须承认，H小姐把自己手头的工作都处理得井井有条，从没出现过差错。然而，H小姐却有一个致命的缺点，这也是导致我解雇她的原因。

有一次，我因为有事外出不在公司，恰巧这时我的老朋友约翰·查尔顿来公司找我。约翰并不知道我已经雇用了秘书，所以他像往常一样直接走进我的办公室。这时，H小姐从后面赶上来，很气愤地说："嗨，你这个人怎么如此无礼？难道你不知道到公司找人是有规矩的吗？你首先应该和我这个秘书打一下招呼。"约翰是个很有修养的人，赶忙说："对不起，是我疏忽了。是这样的，我并不知道我的老朋友卡耐基雇用了秘书，所以就很贸然地闯了进来，希望你能够原谅。"H小姐看了看约翰，很傲慢地说："不要以为是老朋友就可以不讲礼貌，这里是公司，每个人都必须遵守规矩，你也不例外。既然你看到卡耐基先生不在，那么就请你回去吧！"约翰当时有些生气，但是他并没有发作，而是说："哦，真抱歉，我有点急事找他，你能帮我联系一下吗？"H小姐很不耐烦地说："难道你不知道做秘书的是不能随便透露自己老板行踪的吗？真搞不懂，我的老板怎么会有你这样的朋友！"约翰再也忍不住了，大声喊道："是吗？小姐，难道你就不能说话客气一点吗？我真搞不明白，卡耐基怎么会雇用你这样的秘书。"说完之后，约翰气愤地走了。

后来，约翰把这件事告诉了我。于是，我找H小姐谈了一次话。当我说起这件事的时候，H小姐显得很生气，说："什么？那个无礼的家伙居然还到你这里来告状？真是太可恶了。"我心平气和地对她说："H，难道你不应该对这件事反思吗？事实上，你在处理这件事的时候有很多地方做得并不妥当。"我的话显然激怒了H小姐，她大声说："难道您也认为我的做法是错误的？难道那不是一个秘书应该做的事情？天啊！我做了自己的本职工作，居然还要受到责备。"我知道H小姐根本没有认识到自己的错误，于是对她说："H，事实上这已经不是第一次了。很多人跟我反映，他们无法与你沟通，因为你说起话来总是不给别人留余地，还经常伤害到别人的自尊。其实，有很多事情你完全可以换一种说法，那样的话事情就变得容易得多。我希望你能够改正自己的缺点。”

很遗憾，直到最后我也没能说服H小姐。没办法，我只好选择将她辞退，因为我不能为了她一个人而使很多人不开心。

很多女士为了让自己魅力十足，把大量的时间、精力和金钱都花费在了打扮自己这方面。其中，更高明一点的女士还会注意训练自己的举手投足，培养自己的格调，让自己更有内涵和气质。的确，女士们的这些做法都是正确的，也是应该的。然而，如果女士们忽略了说话办事这一点，那么当你与人交往的时候，也会给人一种很不愉快的感觉。

其实，对于女士来说，不管你是职业女性还是家庭主妇，会说话，会办事都是非常重要的。你在这方面是否有魅力会直接影响到你是否能够给对方产生很强的吸引力，也关系到你是否可以获得别人的喜欢。同时，如果女士们能够掌握住说话办事的技巧，那么你们就无疑能够在与人相处的时候表现出自信，让别人被你的魅力所折服。

人际关系学家查理·休伯特在他的著作《论女人的魅力》中曾经说：“对于一个女人来说，漂亮的脸蛋、姣好的身材、脱俗的气质等是让她们魅力十足的先决条件。可是，如果一个女人满口脏话，出言不逊的话，那么恐怕也不会得到别人的喜欢。语言是上帝赐给人类的礼物，一个风采迷人、魅力四射的女人必须懂得如何说话，如何办事。事实上，如果一个女人能够掌握说话办事的技巧，那么她就可以很容易地弥补一些自己先天性的缺陷。”

然而，有些女士似乎并不认为会说话、会办事是非常重要的。在她们看来，只要自己够漂亮，有品位，那就一定会征服所有的人。

至于怎么说话，那不需要学，也不需要关注，因为说话和办事只要是达到目的就可以了，根本不需要学习什么技巧。

唐·邦德是美国著名的影视演员经纪人，我们曾经在一起吃过晚餐。席间，唐问我："卡耐基先生，你觉得挑选演员的标准应该是什么？"我想了想回答说："迷人的外表、优雅的气质、高超的演技，这些东西应该是最重要的吧？"唐笑了笑，说："不，你错了！事实上，我在挑选演员的时候很看重他的谈吐，特别是女演员。有些女孩子很漂亮，也很有气质，可惜她们不知道该如何说话办事。可能你认为对于一个演员来说，演好戏才是最重要的，至于说话办事，那只是一种日常人际交往的技巧罢了。"我点了点头说："是的，唐，我一直都这么认为。"唐接着说："你知道吗？要想做一个好演员，必须要有征服观众的魅力。即使你的外表再漂亮，即使你的演技再高超，如果你不懂得如何说话办事的话，也是一件非常麻烦的事。举个例子来说，演员总是要和观众沟通的，不懂得与观众交流、相处的演员永远不会成功。试想，如果一个演员老是用言语伤害观众，使观众对她产生一种厌恶感，那么她怎么可能会出名，怎么可能会成功？一个不会说话办事的演员没有魅力，没有魅力的演员不会成功。"

的确，唐·邦德给我们揭示一个容易被忽视的道理。其实，早在以前我也没有把魅力和会说话、会办事联系起来，直到我认识了卡拉女士。

卡拉女士在一家汽车轮胎公司任经理，我对她的了解是通过别人的描述得来的。华盛顿轮胎销售商卡尔对我说："和卡拉女士谈判简直是一种享受，虽然我们都在为各自的利益着想，但是从未发生过争吵。卡拉女士的每一句话都让人觉得非常舒服，总让我有一种非与她合作不可的感觉。”一家生产橡胶的公司的销售经理也说：“卡拉有一种让人无法抗拒的魅力，每次和她谈判的时候都有一种愉快的感觉。按理说，作为公司的经理，我应该完全替本公司着想。可是，卡拉总是有办法让我知道他们的难处，理解他们的困难。虽然我知道有些时候她是在玩弄一些小把戏，但我却情不自禁地钻进她所设下的圈套。”

我对卡拉女士产生了强烈的好奇心，于是亲自去拜访了她一次。当见到卡拉女士的时候，我大吃了一惊，因为她与我想象中的形象完全不一样。卡拉女士个子不高，身材也有些发胖，长相也非常普通。说实话，我当时很难把她与“魅力四射”这个词联系起来。

然而，我和卡拉女士交谈以后却发现，自己已经完全被她征服了，因为卡拉女士深知与人交谈的技巧。她说什么话都会给自己留下一点余地，而且也不在我面前摆什么经理的架子。我能感觉到，面对我的提问，卡拉有所保留，因为她不想那么快亮出底牌。此外，卡拉女士很礼貌，也很有耐心，似乎一直等待你一点点地跟着她走。当然，必要的时候她也会大兵压境，甚至让你有喘不过气的感觉。不过，每当这个时候她又会适时地停止进攻。

当我们的谈话结束时，我对卡拉女士说：“真不可思议，您大概是我见过得最有魅力的女士了。”卡拉有些不好意思地笑了，说：“您过奖了，卡耐基先生，我不过是懂得一点说话办事的技巧罢了，没什么魅力可言。”

我知道这是卡拉女士自谦的说法，因为在她嘴里轻松说出的所谓技巧的确能够让很多人折服。回去之后，我对卡拉女士所说的话进行了分析，终于找出总结出了几点经验：

1. 掌握时机，恰当地运用感谢的词语；

2. 与别人交谈的时候一定要多说愉快的事情；

3. 多多赞美别人的优点；

4. 表达不同意见的时候要给对方留足面子；

5. 学会听别人讲话；

6. 合理利用身体语言；

7. 尽量用高雅简洁的词；

8. 千万不可自大、自夸；

9. 玩笑要开得适可而止；

10. 平时注意充实自己。

其实，要想学会说话办事，并不是一朝一夕就可以成功的。不过女士们要有足够的信心和决心，然后再看一些有关这方面的书籍。不管女士们是不是都渴望自己成功，是不是都希望自己成为“万人迷”，总之学会说话办事还是一件好事情。

让女人受益一生的幸福课：

- 只有去爱才能获得爱，先对别人好才能赢得友情。
- 如果你想成为一个受欢迎的人，就要先做一个认真的倾听者。
- 一个对别人漠不关心的人，他的生活一定会遇到很大的困难，同时也会给别人带来极大的伤害。

第八课
用品味提升气质，秀出自己独特的亮点

“世上没有哪两个人曾经或即将拥有完全相同的人生历程，每个人的生命体验都是与众不同的。”女人们，爱自己吧，因为你是世界上的那朵独一无二的玫瑰。

个性就像香水，你的特色赋予它香味

很欣赏卢梭的那句名言：“我独一无二，我知己知人，我天生与众不同，我敢说我不像世界上的任何人。如果我不比别人好，那么我至少跟别人两样。大自然铸造了我，然后就把模型打碎了。”你就是你，是独一无二的你。女人们，与其羡慕别人，模仿别人，倒不如简简单单地做好自己，找到自己真正的优势。

北卡罗来纳州的伊迪斯太太，曾在给我的一封信中这样写道：“我还是个姑娘的时候，身体很胖，双颊丰满，这使我看起来显得很臃肿，因此我成为了一个极为感性而羞怯的女孩。我母亲保守刻板，她一直认为穿着漂亮衣服的女孩是花瓶，所以她坚决不让我穿太贴身的衣服，说那样容易撑破。因此，我的穿着看起来很滑稽，我没有脸面参加任何社交活动，令我开心的事更是一件也没有。在学校里，我对于集体活动避而远之，连体育运动也不参加。

“长大以后，我和年长我几岁的男朋友走进了结婚的礼堂，但我仍然没有一丝一毫的改变。我希望自己能像丈夫那样镇定从容，但是做到这一点实在是很难。热情的家人们努力帮助我，希望我能够突破自己，但我却躲进自我的世界里。因为害怕改变，我的情绪很坏。每一次门铃声响起，我的心脏都会剧烈地跳动起来，手足无措地逃进自己的卧室！我是一点儿希望也没有了，自暴自弃的想法越来越强烈。但是我不想让先生发现我内心的真实现状。所以在所有的社交场合，我竭尽全力装出一副很开心的样子。我表里不一的举止将自己的身心折磨得精疲力竭，是否还要继续生存下去的危险问题开始袭扰我的内心，我不断地想到自杀。

“但我感谢自己到现在还活着，我更加感谢那句让我活下来的话，因为这句话改变了我的一生。

“事情是这样的。有一天，婆婆在谈到她如何教育子女的问题时说：‘不管做任何事情，我都坚持让他们保持独立的个性！’这几个字就如一盏明灯一样照亮了我的心，我发现了自己苦恼的根源：多年以来，我一直在强迫自己进入到一个不适合自己的生活模式中去，并为自身的无法适应而痛苦不已。

“就是这一瞬间，我下定决心找回自我。我从发掘自己的个性潜能入手，把自己的强项作为切入点。具体做法：一是选择适合自己风格的服饰，力求表现出独特品位；二是主动与新朋友结识，并参加团体活动。这段过程看似简单，实则相当漫长，不过我的确变得比过去快乐多了，脸上也浮现出了笑容。我把自己经过痛苦的历程才学到的经验，用来教育子女：任凭情况风云变幻，永远不要放弃做自己。”

基尔凯医生指出：“这个坚持自我的问题，从亚当、夏娃之后就存在了。”不愿意坚持自我是多数精神障碍、神经疾病及心理问题的病根，这一点毋庸置疑。帕特里曾经说过：“不能坚持自己的思想个性和被迫去变成他人是一切悲惨人生的根源。”

好莱坞著名导演萨姆·伍德也曾说过：“现在我最头疼的问题，是采取何种办法改掉年轻演员模仿他人的习惯，以及让他们怎样坚持自我。这些年轻人都不思进取，只是一门心思地想成为二流的拉娜·特纳或三流的克拉克·盖博，这真是一件可悲的事情。经验不断地警醒我，只有不去模仿和坚持个性的演员才会较快成名。”

一家石油公司的人事主任曾写过一本《求职六招式》的书。他在解答“求职时人人常犯的最严重错误是什么”时说：“求职者经常犯的最大错误，就是放弃自我。他们回答问题常常不是从自身出发，而是站在他人的立场一味附和。”

凯丝·达利是一位公交车售票员的女儿，她一路走来才明白真实做自己的重要性。在追求当歌手的过程中，她容貌上的缺点成为她最大的绊脚石：嘴太大，还是暴牙。她在新泽西的一家夜总会里第一次登台演唱时，她使劲用上唇遮住牙齿，努力想使自己显得高雅，但这样往往更加令人嘲笑她。

不幸中的万幸，幸亏当时夜总会有一位男士认为她很具备唱歌的天分。他直言不讳地对她说：“你的歌唱得很出色，但是你不自然的神态大大降低了你的水平，你要遮掩的是牙齿吗？暴牙又不存在过错！根本就不用刻意掩饰。不张嘴唱歌，你又怎么能发挥出你的个性？换句话说，你现在引以为耻的暴牙，将来也许正是你宝贵的财富呢！”

从此以后，凯丝·达利彻底把暴牙遗忘，她张大嘴巴尽情地歌唱。最后她取得了巨大成功，观众们点名要听“暴牙凯丝”唱歌。

威廉·詹姆斯曾说过："普通人大脑的开发利用率很低——不超过20%，多数人所具备的潜能，连他们自己都不太了解，更别说充分发挥了。与应该达到的使用标准比较，其实人们还有一半以上的潜能未被彻底挖掘出来。我们仅仅运用了一小部分头脑的能力，可以说人被自己定的标准限制住了，我们天生被赋予了丰富的资源，却常常无法运用自如。"

美国作曲家艾文·柏林给作曲家乔治·盖希文的忠告：坚持自我。柏林与盖希文初次会晤时，柏林已声名在外，但盖希文还是个默默无闻的音乐工作者。对盖希文的出众才华，柏林相当欣赏，他在高薪邀请盖希文为他工作时说："最好拒绝这份工作，如果你接受，再努力也是在艾文·柏林之下。但如果你坚持自我的创作个性，有一天你终将成为一流的盖希文。"最后盖希文成为当时美国著名的作曲家，这其中不乏艾文·柏林的贡献。

金·奥特瑞不喜欢他自己的得克萨斯州口音，他对外自称是纽约人，但别人对他嗤之以鼻。后来他重抚三弦琴，并演唱他的故乡乡村歌曲，才最终奠定了自己在广播影视界"牛仔大哥"的地位。

在这个世界上，别不在乎自己，因为你是独一无二的。归根结底，所有的艺术都类似一种自传。爱默生在他的散文《自信》中说过："人总有一天会明白，最无用的情感是嫉妒，邯郸学步无异于自杀。无论结果好坏，自力更生才是出路，尽管宇宙充满幸福美好的事物，那也只有通过辛勤耕耘才能大丰收。"

另一位名家道格拉斯用诗句表达了做自己的重要性：

假如你做不了山巅的青松，

就做低谷中的灌木吧！
不过，最好的灌木紧邻山溪。
就做一株灌木吧！
如果做不了大树。
假如你连灌木也做不了，
不妨做一棵小草，
为枯燥的高速路增添一点生气！
假如你没当成麋鹿，
那当一条小鱼也很好！
在湖中它是最活泼的！
不能都当船长，当船员也好，
总有任务适合你做。
无论职务轻或重，
总得完成手中活。
做不了高速路，那就安心当条小路，
太阳做不成，星星也可以。
成败不在大小——
在于是否竭尽所能。

女人们，世界因为有你的存在，才变得丰富多彩。你不需要跟别人一样，因为你是你自己。没有人能够代替你，你就是这个世界上的唯一！

女人，就要对自己好一点

树枯了，有再青的机会；花谢了，有再开的时候；燕子去了，有再回来的时刻；然而，人的生命要是结束了，就再也没有挽救的机会了。人活一世，有什么比爱自己更重要的事情呢？女人，只有爱自己才能够拥有丰富多彩的人生，才是一个智慧的女人，才可能成为幸福的女人。

“爱自己”绝对不是自私自利，而是走向成熟的标志。爱自己就是要接受自己，要冷静客观地接受自己、面对自己。

喜欢自己是我们喜欢别人的基础，连自己都不喜欢的人又怎么会喜欢别人？仇恨、厌弃和虐待其他所有事物的人，最后一定会自我厌弃。

集中精力发挥自己的优点，才是取得成功的关键。把自己最优秀的一面充分展示出来，莫要总是盯住自己的缺点不放。当然，有了错误一定要改正，但完全没有必要时刻把它时刻牢记在心里，使其成为一种负担。

斯曼莱恩·布兰顿博士在《爱，或者寂灭》这本书中这样写道："适度的自爱，是一个人健康的反映；适度的自重，对工作和成功都将大有裨益。"此种说法千真万确。"爱自己"是健康生活的一个重要标志。

一个成熟的人，绝对不会只是紧紧地盯住自己的缺点不放。举个例子来说，一个人大可不必因为自己不具备比尔·史密斯那样的自信或缺乏吉米·琼斯的进取精神而杞人忧天；因为他们也不是什么缺点都没有的完人，但是他们清楚地知道自己是什么样的人以及自己想要干什么。

哥伦比亚大学教育学院的亚瑟·T.杰西尔博士持这样的观点：应该通过教育来帮助儿童甚至成年人了解自己，帮助他们建立起自我接受的成熟态度。他在《当教师与自己面对面时》一书中写道："教师的生活和工作，充满了希望和苦痛，自我接受对于教师来说尤其重要。"

《进步的生活：性格自然成长的研究》一书是罗伯特·W.怀特的作品，他是哈佛大学心理学教授，在书中他这样写道：

"现在普遍流行的一种观念是，任何人都应该调整好自己，使自己适应周围的环境。然而，这种观念却误导了人们，让人们认为要成功就要善于调整自己，以适应固定的生活模式、乏味的生活规则、苛刻的外界限制，或者是屈从于压力。

"事实上，这样做的结果，只能使人迷失方向，失去成长和创造的可能性。卓越超群的勇气或清楚地知道自己能做什么这两种素质，极少有人能够兼而有之。我们的行为并非由我们自己决定，很大程度上由社会和经济群体支配着。在同一群体内部，我们与周边的人有着相似的生活和思想，如果我们自己的个性和周围的环境发生冲突，那么，我们往往就会迷茫失措，从而开始质疑自己。”

我清楚地记得，一个女学员就曾因陷入这种冲突之中而整日困惑。她的丈夫是从事律师职业的，做事独断专行。他的社交圈子里的人也是一样，他们评价一个人的成就高低完全依据他的社会地位。这位夫人表面上文静谦和，但是在这种圈子里没有人懂得欣赏她所具有的优良品质。在日渐浓厚的压抑和卑微感中，她变得越来越沮丧，渐渐泯灭了自信，因为她的表现总是达不到圈子的标准，她开始讨厌自己。

这真是一件可悲的事情，为什么要改变自己去适应环境？她完全可以换个角度，从适应她自己出发，愉快地接受自己，不要太在乎别人的看法。“天生我才必有用”，每个人活在世上，都有各自存在的价值，每个人都要遵照自己的性格行事，而不是屈服于他人的压力。

从她本身来讲，重塑自我的最重要的一点，就是彻底放弃别人的标准，而是要根据自身的实际情况建立起属于自己的价值观，并在生活中不断实践。同样重要的还有，要学会独处，不要总是批评自己。

排斥自己的人总是很难发现自身的闪光点，但他们却总能发现自身的缺点。虽然适度、适时的自我检讨能够促进人不断完善，但是坚决不能让自我检讨成为一种压力，否则只会起到相反的作用。

还有一位女学员，她一直不停地抱怨，说自己的演讲总是没有预期的好。她说她一登上讲台，心里面就特别没有底气。她特别羡慕其他同学的沉着自信，恨自己不能像他们那样，如此一想，她演讲的效果就更加糟糕了。

她的这种抱怨，我已经司空见惯，我给她开了一个小药方——一句很简单的话："对缺点置之不理，导致你演讲失败的原因是你没有看到自己的优点。"

根本没有谁会在意莎士比亚的戏剧和狄更斯的小说中的某些不足。这些伟大的作品是由于它们的优点才受人推崇的。推而广之，我们结交朋友也要看到他们的优点，而对于他们的缺点可以忽略不计。

集中精力发挥自己的优点，展现自己最优秀的一面，抛开自己的缺点，是每一个人取得进步的基础。知错必改，并快速遗忘，彻底摒弃负罪感和自卑感，这样我们才能尊重或喜欢自己。

我们先要培养出能包容缺点的心胸，然后再去尝试着喜欢自己。但是我们不能对自己降低标准，否则我们将变得日益懒散或消极。既然没有人能永远做到最好，那么我们就不要强行要求自己达到完美。

我见过一位女士，是一个绝对的完美主义者，她苛求自己无论做任何事都必须尽善尽美，决不允许出现任何差错。结果却事与愿违，她所做的事情很少是成功的。例如，即使是一份简简单单的报告，她也要反复斟酌好几个小时，结果往往会超过领导规定的时间而且还把自己弄得焦头烂额。

要求绝对的完美，这其实是一种冷酷的自以为是。这种人要求自己必须比别人强，否则便认为是失败。他们唯一的想法是如何超过别人，至于能不能把事情做好，则是第二位的。完美主义者也是人，遭遇失败也是家常便饭的事情，但是他无法容忍自己不如别人，在他的字典里根本就没有失败二字，一旦事与愿违，苦果就只能自己独自品尝。因此，要想喜欢自己就不要对待自己太苛刻，要坦白面对自己的缺点和不足。

为了了解自己，我每天给自己一段独处的时间，这是必须做出的努力，因为给自己一定的思考时间对于尝试喜欢自己有着巨大的帮助。马里兰州巴尔的摩谢尔顿精神病学会董事里奥·巴蒂梅尔博士曾说："过去的人们习惯于晚上入睡之前，反省自己当天的所作所为。现在看来，这种方法仍不失为了解如何善待他人和自己的好方法。"

我们必须先容忍自己，他人才会成为我们的朋友。哈瑞·艾默生·福斯狄克曾说："忍受不了独处生活的人，就像被风吹拂的池塘，只要风不停歇，就永远无法平静，不能展现自己美好的东西。"独处并不意味着孤独，相反，独处给予我们一个观察生活的客观立场。独处对于灵魂的益处，犹如新鲜空气对身体的益处。

女人们，何必将自身的快乐寄托在别人身上？喜欢、尊重和欣赏我们自己，与喜欢、尊重和欣赏别人一样，都是健全人格的一部分。

在人生的T台上
走出自己的*style*

个性是一个人独特性格的表现方式，好的个性值得人们去发扬，坏的个性则需要人们想方设法加以改正。女人的个性就像七彩的服装一样，各有不同，色彩斑斓。女人只有了解自己的个性，并不断地完善自我，才能活得洒脱、充实。

人要获得真正的自由，就必须勇敢地接受生活的挑战。对于身心成熟的人来说，“顺从”与自己毫不相干，只有那些茫然无从者才将自己的决定权交给别人。

“想要做人，就要永远做一个不服从主义者……我之所以犯下无数的错误，都是因我放弃了自己的立场所致。”伟大的不服从主义者拉尔夫·华托·爱默生，他所说过的这些话至今仍有振聋发聩的作用。

年轻人最大的弱点是人生经历较短而导致缺乏经验，所以很多时候，他们都担心自己与众不同。比如，他们害怕自己的服饰、话语、举止或思想观点被他所属的群体排斥……许多家长们在教育自己的子女时，经常会对子女的想法感到困扰："女孩子18岁还没有男朋友会被人嘲笑的。""你们想把我改造成格格不入的怪物吗？我敢保证谁都不会在11点以前回家的。"

小孩子生活在同学和朋友们构成的群体中，他最看重的是他们对他的看法以及他们对他的接受程度。群体的标准和父母的标准之间的差距，往往是孩子们青春期最大的障碍。对于任何一个家庭来说，这都是极为敏感而又很难处理的问题。

不盲从是一件极难做到的事情，它不仅会产生不愉快，有时还会给人带来生命危险。正因为后果如此严重，所以许多人心甘情愿地跟随大众，接受大众的保护和指引，既不怀疑，也不抗争。其实这种安全感是在自欺欺人，因为最终受伤害的往往是那些追随大众而毫无主见的人。

著名的战地记者艾德格·莫瑞先生曾说："在这个世界上，任何男女都不能靠拥有隐忍这种美德（例如自我调整适应、未雨绸缪或知足常乐等）来达到生活的理想状态……他们必须通过重重难关，才能达到卓越或幸福的极致。"

勇于承担责任是一个人成熟的标志。长大成人意味着你从此离开父母羽翼的保护，独自步入属于你的世界。所以，我们应坚决拒绝因害怕而盲从的做法。许多人常常会被群体的力量所控制，当有很多人不赞同自己时，便理所当然地认为是自己错了，从而放弃了自己的想法。坚持被大众反对的目标，就是直接站在了大众的对立面，没有极大的勇气根本无法做到。一个在困境中不盲从依然能坚守信念的人，才是最勇敢的人。

在一场社交聚会上，人们的话题都集中在一个充满争议的问题上。几乎所有的客人对这个问题的看法都一致，只有一个人与众人的观点迥异，但是他很有礼貌地不去谈论它，直到有一个人非要他说出自己的看法。

“我本来不希望任何人追问我，”这位客人态度亲和地说，“因为只有我一个人的观点和大家截然相反，我不想因为自己弄得大家都不愉快。现在你问到我，那我就简单地表述一下自己的观点。”

于是，他把自己的观点简单地谈了谈，他的话音还没落，众人便群起而攻之。这一切都在意料之中，但他丝毫没有退让。虽然最终都没有一个人加入到他的阵营，但是人们对他却肃然起敬，因为他没有盲目附和大多数人的观点，勇敢坚持了自己的信念。

那些最开始到西部去的开拓者，没有任何专家给他们指点，也没有任何经验可以借鉴。当面临危机或突发事件时，他们完全依靠自己的判断进行决策，使用自制的药品自给自己医治疾病，靠自己的力气和谋略对付印第安人的偷袭，靠自己的双手和技术为家人搭建庇护所，靠自己去种植或寻找食物满足基本的生存需要……

所有的生活问题都需要他们自己去解决，而且他们也解决得非常好。可是现在的我们过于依赖专家，并且已经养成了听取这些权威意见的习惯，结果我们的独立的能力越来越差，也越来越没有自信心。相反，那些专家们却越来越趾高气扬。

艾德格·莫瑞曾通过他的书，传达了这样一种观点：“不要否定个人至高无上的价值。因为这种否定，就像纳粹主义的专制。如果美国人的个性会因为威胁或贿赂而放弃的话，那么他们对以普通百姓为基础的政府的敬意又从何而来呢？”莫瑞先生在书的结论这样说道：“即使你做不成天使，也不能做蚂蚁。”

当今社会，“成为你自己”是一种目标。在我们这个文明已经高度发达的社会中，了解自己已经很难，而要实现“成为你自己”的目标就更是难上加难了。

哈罗德·W.杜斯先生——普林斯顿大学校长，他一直非常担心“不顺从”会被“顺从”征服，所以他在1955年6月发表的普林斯顿大学毕业生训词中，选择了“作为个人而存在的重要性”作为题目。杜斯校长告诫毕业生说：

“不论强迫你顺从于他人的压力有多大，如果你能够真正成为你自己的话，你就能体会到，无论你对于屈服做多么合理的解释，你都不会成功，除非你愿意舍弃你最后的资本——自尊。人类只能在自己的内心当中找到答案：他为什么来到这个世界，他在这个世界上应该做什么，以及他将去往何处。”

对于身心都成熟的女人来说，她们任何时候都不会盲目地“顺从”，只有那些茫然无从者才会将之视为护身符。

巾帼不让须眉，让他人对你另眼相看

目标之于人生，犹如太阳之于人类。没有太阳，人类将变得暗无天日，乱成一片。没有目标，人生就失去了方向。目标就像一张地图，指引你到达你想去的地方。女人们，只有有了人生目标，我们才不会无所事事，生活才不会浑浑噩噩，才能够实现自己的人生价值。

目标对于人生的意义，就在于它是人一生的航线，人所有的活动都是围绕着自己的目标进行的。有了目标就有了努力的方向，有了方向你们才能成功。你就会在克服困难、经受挫折的过程中体会到无穷无尽的人生乐趣，你自己的生活也将从此充满无限激情。

洛克菲勒先生曾经在接受我的采访时，说过一个有趣的假设：“我们把全世界所有的财富都集中到一起，然后平均分配给全世界所有人，让所有的人都拥有同样多的财富。短时间以后，这种平均状况就会被打破：一小部分人又会成为有钱人，而且财富会像滚雪球般越来越多；另外那一大部分人就会还原成普通人甚至是负资产者。而且，随着时间的推移，经济学家口中所谓的贫富差距将大得惊人。”

我对洛克菲勒先生的这种说法持怀疑态度，但他说：“放下你的怀疑，我所说的千真万确。大家在拥有了那些财富以后，有的人会因为赌钱而付出已得到的财富，有人会因为漫无目的的投资而血本无归，有人则被他人欺骗而倾家荡产。此外，还有无所事事的人会满足现状而坐吃山空。”

洛克菲勒先生接着说：“我敢肯定，再过两年时间，或者时间再久一点，那么整个世界的财富分配情况又会恢复到从前的状态。少数人拥有大量的财富，没钱的则还是大多数人。”

我向他请教“导致这种现象的原因”。洛克菲勒笑着说：“我想大多数人都会用命运、机遇、自然法则来给自己的境遇找原因。但我认为最主要的原因还是由目标的差异造成的。一个有目标的人，清楚地知道自己要达到的目的和希望得到的东西，因而便可以提前行动和选择捷径。在目标的激励和指引下，以行动去践行自己的理想，这样的人取得成功的可能性就大，成功之后财富就自然而然跟着来了。”

洛克菲勒的说法让我心悦诚服。一个人如果对成功没有一个明确概念的话，他的成功只能是痴心妄想。选择适合自己的目标是想要获得成功的最重要因素，然后毫不犹豫地做出抉择，所有行动都向着目标努力。

如此一来，女士们定会认为我太过乐观了，因为有了目标的人也不一定就会成功。在残酷的现实社会里有目标而没获得成功的也大有人在。而且即使同样是成功，也有大成功和小成功的差异。对于这样的现象，又该如何解释呢?

的确会有这样的情况存在，但是不能因此否定目标的作用。出现上述差距的原因，主要由于个人的目标在大小上存在的差别较大。大的目标必须着眼于对事业的追求；而仅仅是满足于普通生活的小目标，自然也就局限了一个人的发展。莎士比亚的一句话更能说明问题：吃饭是为了活着，还是活着是为了吃饭?

所以我劝告女士们：在你想要取得成功之前，必须给自己树立一个符合实际的大目标。大目标具体是指：你要去做的事情存在一定意义和比较大的价值，莫要以自己为中心，要考虑更多的人和更多的事。它不仅要求你最大范围地解决问题，而且要求你能在最大的空间和时间里产生最大的影响。

很多成功人士，都是在大目标的引导下才最终获得成功。“A世界”农产品公司的董事长沙娜·马科瑞斯女士就是一个典型的代表。沙娜女士可是美国少有的女性商业家，她在介绍自己的成功经验时，一再强调订立了远大的目标并且付诸实践是自己取得成功最重要的原因。

很多人都认为农产品市场是个永远只能靠天吃饭的行业，沙娜女士反其道而行之，并且定下一个目标：研发出一种直接影响消费者购买行为的新型农产品。

沙娜定下这个目标，是经过长时间的深思熟虑的：实地考察，查阅资料，思考研究。沙娜认为处于低迷状态的市场中，只有有了独特的新产品才有立足之地。具体来说，为防止市场供大于求的状况，别人卖番茄、马铃薯的时候，自己就不能亦步亦趋；否则的话，想要挣钱简直就是痴心妄想。所以沙娜将目标定位于调整市场结构，将产品的类型定位于独特性，她相信这样做会大大增加自己成功的概率。

于是沙娜女士带领她的团队，在经过严谨的研究讨论后决定，要培育出一种从外形到风味都很独特的新品种。最后，一种名为“皇家红甜椒”的新品种诞生了。这种新产品一上市就取得了空前的成功，沙娜女士也因此实现了自己预先制订的目标。

女士们，当你们像沙娜女士一样拥有一个理想的目标时，就一定要像对待自己的孩子一样全心全意地付出，并最终实现这个目标。因为这个工作是你自己喜欢做的事情，所以你就会在克服困难、经受挫折的过程中体会到无穷无尽的人生乐趣，你自己的生活也将从此充满无限激情。

女士们一定要摆脱浑浑噩噩、平凡度日的生活方式。从现在开始，请你为自己确定人生的奋斗目标吧！并且为自己的事业和人生制订出一个切实可行的计划，只要你去付出努力，是否取得成功已是第二位，因为到最后你会惊奇地发现，自己已经摆脱了平平淡淡的生活状态。

莎士比亚、贝多芬、达·芬奇，这些人给我们留下了宝贵的精神财富。人们热爱他们，是因为他们一直都在为拥有的远大目标不懈地奋斗着，一直在创造性地发现着。目标的魅力和威力就在于它不仅仅给人带来人生的成功，更使得人们因此取得伟大的成就，名垂青史。

沃克医生是全美家庭保健协会的主席，他曾在一次协会成员内部问卷调查中，让他们总结出百岁老人的共同特点。多数成员都选择了健康的饮食、合理的运动、戒烟少酒等内容。沃克医生为此亲自走访过十几名百岁以上的老人，最终的结果令所有的医生都感到惊讶不已：有一种对未来的期待（也就是我们所说的人生的目标）。

美国著名的商业家毕尼斯曾极为肯定地这样说过："给我一个有远大目标的员工，我有信心把他塑造成一个可以改写历史的人。但假如你给我的是一个心中没有目标的员工，那我也只能把他培养成一个合格的员工。"

目标不仅仅为人们勾画好了人生脉络，更让人们拥有了把握现在的力量。所以，女士们，你要脚踏实地地做好当前的工作，并且明确自己现在所有的努力都是为将来目标的实现做铺垫。

让我们用道格拉斯·列顿的话来结束这篇文章："要想实现你的愿望，那么你首先要搞清楚你的愿望到底是什么。当你明白自己的人生追求的是什么之后，你就已经为你的人生做出了最重大的选择。"

艺多不压身，不做瓶中花

在现实生活中，许多女人都在追求一种“永恒”的东西。世上有没有“永恒”？有，变化就是永恒。女人们，为了让自己不被时代抛弃，我们必须把自己当作“蓄电池”，要不断给自己充电。要知道：如果没有过硬的职场拼杀本领，在人们眼里就难免会留下靠脸蛋混饭吃的印象。而如果脸蛋再靠不住，那么职场的位置可就“风雨飘摇”了。

《纽约时报》在1956年2月曾刊登一篇专访，是关于艾萨克·普雷斯兰的。这个人是名售货员，他通过四年夜校拿到高中毕业证书后，就立即报名参加了布鲁克林学院夜大部学习法律。他在一篇题为《什么是幸福》的作文中写道：

“对我来讲，拿到了高中文凭，就可以继续上大学了，将来，我就有希望成为一名律师了，这就是我最大的幸福。向前看，我很开心，我得看看我能学到什么程度，我想在夜大学习五年或更长的时间，然后，我计划到法学院再读五年。”

读罢上面的文字，你肯定会认为这是一个年轻人的计划，但是事实却不是这样。在去夜大注册前，普雷斯兰先生已经步入了花甲之年。只有具备成熟人格的人才会懂得：学习是一种快乐的过程，年龄从来不是障碍。一个老人尚且如此，我们又有什么理由不积极学习各行各业的知识呢？

一个想要愈变愈好的女人，跟上时代，并让自己的生活有趣、谈话有料的上上之策，就是给自己充电。

心灵，是组成我们身体的最重要的、最基本的部分。要使它不断成长，我们就要源源不断地给它养料，锻炼培养它；否则的话，它就不再成长，甚至退化。因此，我们要积极地调动自己的心灵，主动而非被动地去接受教育的影响。在学习的过程中，用心至关重要，如果不用心，那么无论做什么事情，都不能从这些活动中得到多少有益的影响。

有一天下午，一位女士来找我，想咨询一下我对“她丈夫不喜欢她”这件事的意见。她说她丈夫是一名经理，在事业上十分成功，兴趣爱好也非常广泛，而且还有很高的品位。她越来越觉得自己已经跟不上他的脚步。

说着说着，她已经泪流满面，最后她找出造成这一现状的原因，埋怨说这都是因为自己没有机会上大学的缘故。特别是生了孩子以后，她更是把全部的精力都投注到孩子身上，根本就没时间提高自己的修养。而她丈夫对听音乐、看画展或者读书这类活动却是日益渴求。她说她丈夫现在嫌弃自己，因为她和他那些有文化的朋友已经格格不入了。她觉得丈夫这样对她很不公平。

我问她：“现在，孩子们都长大成家了，你是如何打发时间的。”

她说她通常都是打桥牌、看电影或读言情小说。

通过与这位女士的交流不难看出，她只喜欢娱乐，平常根本没有花费精力去培养自己的兴趣。因为她缺乏这种精神和愿望，所以失去了许多提高自己修养的机会，使自己越来越无法跟得上自己丈夫的脚步。

与这位不思进取的女士相同的人还有很多。他们把自己局限在狭小的世界里，他们总是借口说自己的岁数太大了，一切为时已晚。他们自甘落伍，总是唉声叹气自己再也赶不上人生站台上的末班车。事实上并非如此，对那些想发展自己的人来说，任何时间都不晚。迟到的开始永远比没有开始好。

多年以前，能上大学接受教育的只是一小部分幸运儿。现在的情况比以前好多了。所以，现在可以说每个人接受教育的机会都是平等的，关键在于你是否具备强烈的主观愿望。老头老太太上大学、拿文凭也是司空见惯的事。

有一位跟我很熟识的妇女，住在得克萨斯城，丈夫是一位律师。她最小的儿子大学毕业参加工作时，她已经五十多岁了。她在接受了得克萨斯大学四年旁听生的教育后，以优异成的绩毕业了。如今她已经年逾古稀，丈夫去世后，她独自一人生活。但是她一点儿都不孤单寂寞，她积极参加各种社会活动，朋友和仰慕者多得她都觉得有点手足无措了。她爱每个走进她的生活的人，她的儿女们喜欢她去她家居住。她在自己的心田里播下了善果，现在，她享受着幸福的收成。

学习是一个从生到死都不间断的过程。不要寄希望于学校能提供给我们所要用的全部的知识。哪里都是学堂，哪里都有我们需要学习的东西，所以中国有句老话叫“活到老，学到老”。我们要时刻给心灵提供足够的养料，这样在将来的日子里，我们才不会饱受寂寞的折磨。

赫伯特·莫里森是英国工党著名的领导人，他15岁时曾是伦敦的一间杂货店的伙计，一个偶然的机会，他在街头遇到一位算命先生。算命的问他读什么书，年轻的莫里森说：“除了凶杀，就是言情小说。”他所说的这些是街上书摊上卖的那些廉价书。算命的说：“还好，不管读什么书总比不读书强，你真是聪明啊，不过你不应该把时间浪费在这种无聊透顶的书上。读点历史、人物传记什么的不是更好吗？从现在开始，你应该培养自己读严肃书籍的习惯。”

老人的话让他明白了一个道理：尽管自己接受学校教育的时间很短，但他可以继续进行自我教育。15岁的赫伯特·莫里森从此开始了他的读书生涯。他读过的许多有意义的书，也成为他长大后进入众议院的敲门砖。

对于整日里无所事事的人们来说，尽管知识就在他们身边，他们也不屑一顾！他们一边哀叹着上天的不公，一边浪费着身边的宝贵资源。他们不知道人类的大部分智慧都凝结在浩瀚的书海中，只要翻开它们，就一定会有收获！

我始终钦佩和鼓励热爱读书的人，因为和不读书的人相比，他们更具包容力和理解力。任何一个人都无法拒绝衰老，当自己的体力日益变得衰微时，只有我们所拥有的知识才会填补我们心灵的空虚，使我们的精神空间始终充满着愉悦。

女人们，让知识填补我们心灵的空虚吧，让我们更喜欢自己，做个内外兼修的幸福女人吧！

享受独处，分一些时间陪伴自己

自己几个月前，我夫人应邀参加了加州一所大学举办的女青年晚宴聚会。回到家以后，我发现她有些不太开心，于是我问她是否在晚宴上遇到了什么不愉快的事。她没有直接回答我的提问，而是对我说："20 世纪最流行的疾病是孤独。"我夫人的话使我有些不知所措，我不明白为什么她会突然和我说这些。我夫人告诉我，这是她在晚宴上听到的，是那所大学的校长在她的演讲中提到的。

说实话，各位亲爱的女士，本来我是极其不情愿承认这一事实的。但是，孤独确实就在你们中间，很多人的快乐都被孤独剥夺了。那位校长说，由于各种各样的原因，人们无法使亲情和友情持久，整个时代就像陷入了冰冷的北极，人们的内心感到十分的寒冷。是的，这位校长的观点是很有见地的，因为就在几年前，我曾经遇到过一位孤独的妇人。

那位妇人是我的朋友，她的丈夫在几年前去世了。她陷入了无法自拔的悲痛中，开始卷进千万孤独大军的队伍里。她被孤独折磨得痛苦不堪，甚至于想到了离开这个世界。最后，她想到了我，希望能够从我这里获得一丝帮助。

我用上了所有能想到的词来安慰她，告诉她虽然在中年失去自己的爱人是一件非常痛苦的事，但是随着时间的推移，一切都可以重新开始，她完全可以给自己建立起新的幸福。可惜的是，她似乎对我的劝说不领情，绝望地对我说："这一切都不可能了！我还会有什么幸福吗？不，根本没有！我的丈夫离开了我，我也不再有年轻的容貌！如今孩子们也都已经长大成人了，我还有什么希望呢？"从她的话里我已经判断出来，这位可怜的妇人已经得了严重自怜症。最可怕的是，她根本不知道该如何治疗它。我曾经试图规劝她，让她敞开自己的心扉，去结交新的朋友，培养新的兴趣，不要老是沉浸在过去的痛苦之中。可是她并不接受我的意见，依然我行我素。最后，因为自怜症导致的孤独使这位妇人没有了朋友，没有了兴趣，也没有了希望，甚至和自己孩子们也都反目成仇。当我们再次见面时，她依然还是感到孤独，而且还在向我抱怨这个世界太过冷漠。

事实上，真的是这个世界太冷漠吗？不，实际上真正冷漠的是这些孤独的人。女士们，如果你也是孤独的人，那么你就扪心自问，你们是不是把别人对你的爱和友谊当成了上天赐给你们的礼物？我想是的，而这也是人们产生孤独感的最根本原因。

女士们，你们必须明白，如果你想成为受欢迎的人，拥有快乐幸福的生活，那么就必须自己做出努力和付出。任何人都不会没有理由地去爱一个人，也不会没有理由地去和一个人做朋友。如果你想获得真正的幸福，那么你就不要去奢望别人布施，因为这些东西是需要你自己去争取的。

一个生活在人群之中的人其实并不会孤独，而之所以会有很多人患上20世纪最流行的疾病，主要是因为这些人不能对别人敞开自己的心扉。当他们失去一部分亲情或友情时，她们就认为自己受到了极大的伤害，开始同情和可怜自己的遭遇，于是产生了自怜症。这些人不明白，在现代社会中，如果你不去主动向别人表示友好，是不会有人帮你排解孤独的。

幸好并不是所有的人都和我那位朋友一样，有些人还是很有毅力去战胜孤独的。

梅森太太是我的一个远房亲戚，今年约有60来岁。事实上，她的遭遇也是十分悲惨的，因为她也曾经遭受过丧夫之痛。在开始的时候，她也不能从痛苦中解脱出来，因为在这之前，丈夫就是她生活的全部，也是她最最关爱的人。虽然她真的十分痛苦，但她明白这一切都已经过去了，必须从新开始。

于是，她把自己所有的精力全都集中于自己唯一的嗜好——画画——上，希望能够借此找到精神寄托。事实证明，她成功了。开始的时候，她只是想借助作画来减轻自己的痛苦。后来，她已经完全被这种艺术创作迷住了，根本没有心思去考虑别的事情。她不仅摆脱了过去的悲伤，而且还凭借着这个嗜好创出了自己的事业。

现在，她已经是一个能够经济独立的单身女性了。在她走向成功的这段时间里，她也经历过很多困难。一开始的时候，她几乎不想和任何人打交道，因为以前她主要的伴侣就是丈夫。不过，她一直没有放弃过努力，因为她每天都会问自己："我应该怎么做才能让别人接受我？"

后来，她做到了。因为她虽然忙着作画，但这并没有耽误她去拜访其他朋友。她总是会拿出一些自己认为不错的画，然后亲自去拜访朋友，和她们一起共进晚餐。真的，那些人没有一个拒绝过她，而是非常欢迎她，以至于后来经常有人会打电话责怪她，问她为什么很长时间没去他家拜访。

我的这位远方亲戚告诉我说："我现在终于知道让别人接纳自己的最好办法了，那就是你必须主动出击，向别人表示出你希望他们能够接纳你。"是的，她之所以能够战胜孤独，主要是因为她首先战胜了自怜。女士们，当你们遇到生活的打击时，请你们鼓起勇气，走向那充满温暖的人群当中。你们要告诉你自己，你们应该认识新的人，你们应该去结交新的朋友。不管在哪里，我们都应该高高兴兴地让别人与我们分享快乐。

在我的培训班上，每当我遇到女性学员时，总是会强调她们一定要有战胜孤独的勇气。这并不是说我有什么性别歧视，而是因为女性确实是容易陷入孤独的群体。有人做过统计，证实了结婚后的女人往往要比男人长寿。也就是说，当她们的先生活着的时候，女士们会开心、快乐，根本不知道孤独是什么滋味，然而一旦她们的先生离她们而去，那么就会变得忧虑和自怜，最后陷入孤独的境界。不过，女士们如果真的下决心摆脱孤独的话，我相信你们一定可以做到的。

有一次，一位女士跟我说："由于工作的原因，我和家人要经常变更居住地点。我有丈夫，也有孩子，而且还有一份很不错的工作，可是为什么我还是感觉那么孤独呢？"我问那位女士："你有什么兴趣爱好吗？"女士回答说："没有，我根本没心思去做其他事。"我又问她："你是如何安排下班后的时间呢？"女士回答说："安排？根本谈不上，因为我没有闲心。"

我找到了这位女士的病因，因为她生活在大都市，而且经常要改变自己的居住环境，这样使得她无法保持住身边的友谊。然而，这些只是客观的原因，真的原因还是因为她没有首先向别人伸出友谊之手。我不明白她为什么没有兴趣去做其他事情。当她到达一个新地方时，实际上她是有很多事情可以做的。她可以先去参观一下教堂，或是找一个自己喜欢的俱乐部加入，因为这些都可以增加她认识别人的机会。此外，她还完全可以参加一些培训课程，因为那样既可以让她学到很多东西，也可以让她与陌生人建立起珍贵的友谊。地铁是最方便的交通工具之一，可如果你不往投币箱内投入硬币，然后再去转动那个旋转门的话，我想地铁对你来说恐怕没有任何实际意义。

很多年前，我在纽约的一家公寓里认识了两位迷人漂亮的女孩，她们都有一份令人羡慕的工作，而且都有一份难得的进取心。不过，由于个性和心态的原因，其中一位女孩最后终于获得了成功，而另一位女孩则在失败后又返回了老家。

原来，成功的那位女孩从没有感到过孤独，因为她有着过人的智慧。一个单身女孩来到纽约这样的大都会，应该说产生孤独感是不可避免的，可是她却从来没有过。她把自己的一切生活都计划得很详细，因为她不想让自己过得太空虚。她在附近找到一间教会，而且经常参加里面举行的各种活动。

她还参加一个研讨会，甚至为了交朋友而去学习如何改变个性。她把钱财看得很轻，每个月的薪水有很大一部分用来交际。在她创业的那段时间，她每一天的生活都是丰富多彩的。

而那位失败的女孩呢？她来到纽约后也同样有孤独感。可是，她并没有把自己的生活安排得很有条理。她也渴望朋友，不过寻找朋友的方式却是借助于酒吧和一些娱乐场所。最后，她也终于加入了一个俱乐部，可惜是戒酒俱乐部。

女士们，我相信你们都是非常聪明的，一定可以看出为什么同样来自外地，同样都有孤独寂寞感觉的两个女孩，到最后却有不同的命运。我知道，有时候在大都会生活会比在农村的小城镇更容易让人产生孤独。我更明白，如果你想不再孤独，那么你就必须花点心思去结交朋友，而且还必须让这些朋友接受你。爱和友谊是上帝赐给人类最美好的礼物，可是这些最美好的礼物却不是白白地赐予每个人的，它需要人们为它付出真诚和真心。如果女士们做不到这一点，那么你将得不到上帝的礼物，而只能得到最可怕的惩罚——孤独。

孤独的人是最不幸的，然而这些不幸却又是她们亲手造成的。因此，女士们，要想摆脱孤独，仰仗别人是不可能的，你们必须通过自己的努力，使自己快乐起来。

让女人受益一生的幸福课：

- 在这个世界上，每个人都是独一无二的。
- 喜欢自己是我们喜欢别人的基础，连自己都不喜欢的人又怎么会喜欢别人？仇恨、厌弃和虐待其他所有事物的人，最后一定会自我厌弃。
- 知识不仅是力量，而且像一面镜子一样可以照见自己的优缺点。人不仅要经营自己的物质生活，也要经营自己的精神世界。